饮食助力 "高" 人一等不是梦

《健康大讲堂》编委会　主编

儿童长高

食谱

U0318351

黑龙江出版集团
黑龙江科学技术出版社

图书在版编目（CIP）数据

儿童长高食谱 /《健康大讲堂》编委会主编．
-- 哈尔滨：黑龙江科学技术出版社，2015.6（2024.5重印）
ISBN 978-7-5388-8318-3

Ⅰ．①儿… Ⅱ．①健… Ⅲ．①儿童－保健－食谱
Ⅳ．① TS972.162

中国版本图书馆 CIP 数据核字（2015）第 141804 号

儿童长高食谱

ERTONG ZHANGGAO SHIPU

主　编	《健康大讲堂》编委会	
责任编辑	回　博	
摄影摄像	深圳市金版文化发展股份有限公司	
策划编辑	深圳市金版文化发展股份有限公司	
封面设计	深圳市金版文化发展股份有限公司	
出　版	黑龙江科学技术出版社	

地址：哈尔滨市南岗区公安街 70-2 号　邮编：150007
电话：(0451)53642106　　传真：(0451)53642143
网址：www.lkcbs.cn

发　行	全国新华书店
印　刷	小森印刷（北京）有限公司
开　本	723 mm×1020 mm　1/16
印　张	15
字　数	200 千字
版　次	2016 年 1 月第 1 版
印　次	2016 年 1 月第1次印刷　2024年5月第5次印刷
书　号	ISBN 978-7-5388-8318-3
定　价	68.00 元

序言 PREFACE

在养育孩子的过程中，难免会伴随着一些担心。看着那条曾经一点一点往上蹿的身高测量线，如今已许久没什么变化，父母的心里总是会感到忐忑不安。给孩子补钙、吃增高药、穿增高鞋、使用拉伸器……父母绞尽脑汁，想尽各种办法，只希望孩子能再长高一点，然而结果却总是不尽如人意。倘若父母能多了解一些与身高、儿童生长发育有关的知识，就可以在孩子成长的过程中，运用更科学的方法来帮助孩子长高。

哪些因素会影响孩子身高？孩子为什么长不高？怎样帮孩子再长高一点？相信无数父母心里都充满了这样的疑惑。诚然，遗传对孩子的身高起着决定性作用，但是我们仍然可以通过后天的努力来改变孩子的最终身高。其中，好的饮食习惯、均衡的营养供给、充足的睡眠以及合理的运动，都是后天因素中能够让孩子长高的制胜点。基于此，我们特别编写了这本《儿童长高食谱》，旨在为妈妈们提供科学全面的指导，让孩子轻松快乐地长个儿。

选择和制作精致美食，既能让孩子长高，又是一种爱的表达，作为父母，何乐而不为？您可根据书中介绍的每种食材的营养成分、增高功效和搭配宜忌等内容，自由选择适合的食材，为孩子制作美味长高饮食；还可参照孩子的年龄，从其营养需求和生长发育特点出发，搭配制作出更多美食，让长高与营养、健康同时兼顾。与此同时，考虑到孩子在四季中身高增长的特点不一，其身体对季节的反应也有所不同，本书特别精选多种颇有时令特色的四季增高美食，让孩子胃口大开，也更有针对性地为其补充生长发育所需的营养。

除了参照书中介绍的食谱制作方法外，您还可以扫描图片下方的二维码或下载"掌厨"APP，免费观看食谱的视频操作过程，并获取更多精美长高食谱。

在科学饮食的基础上，如果再辅以充足睡眠与合理运动，必定会起到事半功倍的效果，长高将不再是难题。

Contents 目录

PART 1 "高"瞻远瞩，别让孩子身高"掉队"

PART 2 儿童长高食材集中营

PART 3 儿童步步"高"长全攻略

PART 4　儿童四季长高精致美食

妈妈必修课

　　没有哪个父母不希望自己的孩子"高人一等"，然而有时却往往事与愿违，孩子怎么也长不高。当您在为孩子长高的问题烦恼时，可曾关注过影响孩子长高以及促进儿童骨骼发育的因素呢？孩子的生长发育情况又该如何判断？怎样做才能帮助孩子长更高？本章将为您一一揭开孩子长高的奥秘，为孩子长高做足功课，让孩子从此不再"低人一等"。

PART 1

"高"瞻远瞩，
别让孩子身高"掉队"

解读长高密码

为孩子长高做做功课

孩子长高秘诀

解读长高密码

孩子是否健康、是否聪明是父母关心的问题，但孩子长得是否"够高"也同样牵动着父母的心。遗传对身高的影响毋庸置疑，但是除此以外，还有哪些因素能让孩子的生长潜能得以充分发挥呢？下面就让我们一同解读孩子长高的密码。

长高，骨骼生长是关键

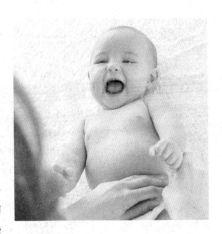

从人体形态学的角度来说，人是依靠骨骼尤其是长骨（手臂、大腿、小腿等四肢均属于长骨，手指头、脚趾头则属于短骨）的生长来长高的，也就是说长骨的长度越长，身高越高。长骨由骨干和骨骺组成。骨干和骨骺之间是干骺端，干骺端的软骨逐渐增生、分化、骨化，使长骨长长，人也随之长高。

人体的骨骼生长自胎儿期就已经开始了，婴儿期长骨生长最为明显，但是到了青春期，长骨的生长速度会减慢，至成年骨骺完全闭合，骨骼不能再纵向生长，身高也随之停止增长。一般女孩的骨骺18～20岁完全闭合，男孩的骨骺在20～22岁完全闭合，极少数能延迟到25岁左右。可见，长骨骺板软骨的生长是人体长高的基础。

长高，离不开的神秘激素

大脑垂体中，深藏着一种可以影响人体长高的因素——激素。这些神秘激素只有当孩子开始生长发育时，才会发挥它们的作用。与身高关系密切的激素有生长激素、甲状腺素、肾上腺激素和胰岛素。

生长激素

生长激素是脑垂体分泌的一种特殊蛋白质，主要受下丘脑产生的生长激素释放素调节。通常，孩子进入熟睡后的一两个小时内，生长激素分泌量达到最高峰。

生长激素通过刺激肝脏产生生长介素，间接促使骨骺软骨形成，进而使躯体增长。同时，生长激素还能促进新陈代谢和蛋白质的合成，增强肠道对食物中钙、磷等成分的吸收利用，强化骨骼。此外，生长激素能提升脑部神经传递素的浓度，强化反应力、神经敏锐度以及记忆力等。

生长激素是促进骨骼和器官生长的最主要激素，是刺激生长因子的动力。生长激素分泌得多，孩子就长得快；生长激素分泌持续的时间越长，孩子就长得越高。生长激素在孩子长高的过程中有着不可取代的作用，但遗憾的是生长激素只在儿童期（学龄前期和学龄期）和青春期分泌较多，随着年龄的增长，生长激素的分泌会日益减少。

甲状腺素

甲状腺素，顾名思义就是甲状腺分泌的激素。甲状腺是藏在人颈部两侧的小腺体，受脑垂体分泌的促甲状腺控制。甲状腺素可直接作用于骨细胞，促进骨的再塑造活动，使骨吸收与骨生成同时加快，进而促进骨骺端软骨骨化，最后与骨干融合。

如果生长发育期的儿童甲状腺素分泌太少，会导致发育缓慢、长骨生长迟缓，骨骺不能及时闭合，以致身材矮小、脑部发育障碍。如果孩子甲状腺素分泌过多，会情绪亢奋、精力充沛，严重者可能出现甲亢。

肾上腺激素

在下丘脑的指挥下，肾上腺皮质会分泌性激素，性激素包括雄性激素和雌性激素。不论男孩还是女孩，体内既有雄性激素，又有雌性激素，男女体内两性激素分泌是否正常，都会影响正常的生长发育，直接关系到孩子未来的身高。青春发育期，肾上腺激素对骨骼的成熟速度起决定性作用。

雄性激素是由肾上腺皮质产生的脱氢表雄酮转化而来。其中，睾酮不仅会促进骨骼合成，维持骨质密度和强度，还能促进蛋白质的合成；雌激素除了可以促进女孩第二性的发育，还能促进钙在骨骼中的沉淀，具有加速骨骺成熟，决定骨骺最终融合的作用。如果青春期的男孩缺乏雌激素或雌激素受体，会出现骨骼到成年不愈合、身高过度增长的情况；如果女孩雌激素分泌过早过多，则会导致钙沉积过多，骨骼闭合加快，生长停滞。

胰岛素

人体内的胰岛素，主要作用是调节人体内糖类、脂肪、蛋白质等的代谢。在孩子生长的旺盛期，胰岛素具有促进生长激素分泌的作用。此外，胰岛素可促进蛋白质的合成，为孩子生长发育提供充足的营养。然而，当胰岛素分泌不足或受体异常，则会引起儿童体内糖代谢异常，进而导致孩子生长速度变缓，身材矮小。

长高，不可或缺的营养素

糖类、蛋白质、脂肪、维生素、矿物质、膳食纤维和水，被称为维持机体正常生长发育和新陈代谢、保持健康的"七大武器"。对孩子的骨骼生长来说，最为重要的要数蛋白质、维生素和矿物质中的钙、锌。

蛋白质——骨骼生长支柱

蛋白质被誉为"生命的第一要素"，是一切细胞的主要成分。孩子需要蛋白质形成肌肉、血液、骨骼、神经、毛发等，成人需要它更新组织、修补损伤和老化的机体。蛋白质在促进孩子健康成长、长高方面具有举足轻重的地位。

人体的骨骼、大脑、血液、内脏等组织都是由蛋白质组成；对孩子生长发育起重要作用的各种激素，也都是由蛋白质及其衍生物组成；参与骨细胞分化、骨形成、骨的再建和更新等过程的骨矿化结合素、骨钙素、人骨特异生长因子等物质，也均为蛋白质所构成；此外，蛋白质还是维持人体正常免疫功能、神经系统功能所必需的营养素。所以，蛋白质是骨骼生长发育的重要支柱。

维生素——生长促进元素

维生素是维持人体健康所必需的一类营养素，其通常不能在体内合成，或者合成的量难以满足机体的需要，必须由食物供给。尽管它们既不是构成机体组织的原料，也不是体内供能的物质，但是在调节物质代谢和促进生长发育、维持生理功能等方面却发挥着重要的作用。与人体骨骼的形成和生长关系密切的有维生素A、维生素D、维生素C。

维生素A

维生素A是人体必需的营养素，是人体生长的要素之一。维生素A对人体细胞的增殖和生长有着重要的作用。其与骨骺软骨的成熟有关，能促进蛋白质的生物合成和骨细胞的分化，是孩子骨骼发育不可缺少的重要营养素。当儿童体内缺乏维生素A时，会减缓骨骺软骨细胞的成熟，导致生长迟缓；而维生素A摄入过量，又会加速骨骺软骨细胞的成熟，导致骨骺板软骨细胞变形加速，骨骺板变窄，甚至早期闭合，阻碍孩子长高。

维生素D

维生素D是与身高密切相关的脂溶性维生素，也是人体所必需的营养素。维生素D在人体骨骼生长中的主要作用是调节钙、磷的代谢。通过维持血清钙、磷的平衡，促进钙、磷的吸收和骨骼的钙化，维持骨骼的正常生长，进而长高。如果体内缺乏维生素D，骨骺对钙、磷的吸收与沉积则会减少，出现佝偻病或软骨症，使孩子身材矮小。但是，维生素D摄入过多会使肠道对钙、磷的吸收增加，对甲状腺抑制作用增强，使血钙增加，引起骨硬化。给孩子补充维生素D的最好途径是多晒太阳。

维生素C

维生素C是从食物中获取的水溶性维生素，对胶原质的形成很重要，也是骨骼、软骨和结缔组织生长的主要要素。同时，其还能促进儿童生长发育、提高免疫力和大脑灵敏度。当体内维生素C缺乏时，骨细胞间质会形成缺陷而变脆，进而影响骨的生长。

钙——健骨长高原动力

钙是人体内含量较高的矿物质，占人体体重的1.5%～2%。骨骼是钙沉积的主要部位，人体内约99%的钙集中于骨骼中。因此，钙是构成骨骼的主要成分，也是骨骼发育的基本原料，孩子长高与钙的吸收有着直接的关系。

孩子身高增长的过程实质上是骨骼发育生长的过程，而骨骼的生长本身就是骨骼钙化的过程，加之孩子处于生长发育期，对钙的需求量大，一旦钙摄入不足，骨骼的生长发育就会变缓，形成佝偻病、"X"或"O"形腿，导致身材矮小。倘若长期补钙过量，则可能导致软骨过早钙化，骨骺提早闭合，长骨的发育受到影响，而骨中的钙含量过多，还会使骨质变脆，易发生骨折。因此，给孩子补钙，也要适量。

锌——孩子的"生命之花"

锌，人体主要的必需微量元素之一，主要存在于制造激素的原料——蛋白质和酶中。锌是促进生长发育的关键元素之一，它对骨骼生长有着重要的作用。

其一，锌是人体中众多酶不可缺少的部分，而有些酶与骨骼生长发育密切相关。

其二，锌缺乏会影响生长激素、肾上腺激素以及胰岛素的合成、分泌及活力。

其三，锌摄入不足会使蛋白质的合成减少，阻碍孩子的智力发育和生长发育。

其四，锌是影响人体免疫功能最为显著的元素，一旦儿童免疫系统受到影响，机体对疾病的抵抗力、正常的新陈代谢都会发生改变，就会阻碍儿童的正常发育。

为孩子长高做做功课

孩子比同龄人要矮，成年后会不会也比一般人矮？面对这样的问题，谁也无法给出肯定的答案，父母难免有些担忧。那么，该怎样正确评估孩子的生长发育情况呢？孩子身材矮小，到底是谁之过？父母的爱溢于言表，为让孩子长得更高，不妨先做点功课。

如何科学测量孩子身高

身高是体型特征中最重要的一项指标，正确的测量方法是获得孩子身高增长数据的前提，也是及时掌握孩子生长发育情况的重要手段。儿童应每年测量2次（最好每季度测量1次）。身高测量看似简单，但也要讲究方法。

首先，测量时间、工具要一致

人的身高在一天中会有差异，通常上午高于下午。这是因为，经过一天的活动和体重压迫，椎间盘变薄、脊柱弯曲度增加以及足弓变浅，所以人的身高一般早上要比晚上高0.5~1.0厘米。因此，身高测量要在同一时间段进行，且测量工具最好一致，以减小测量误差。

其次，注意测量时的姿势

3岁以下婴幼儿测量身高：先准备一块硬纸板（硬纸板约长120厘米），将硬纸板铺于木板床上或靠近墙边的地板上；然后脱掉孩子鞋袜、帽子、外衣裤和尿布，让孩子仰卧在硬纸板上，四肢并拢并伸直，使孩子的两耳位于同一水平线上，身体与两耳水平线垂直；接着用书本固定孩子头部并与地板（床板）垂直，并画线标记；用一只手握住孩子两膝，使两下肢互相接触并贴紧硬纸板，再用书抵住孩子的脚板，使之垂直于地板（床板），并画线标记；用皮尺量取两条线之间的距离，即为身高。

3岁以上儿童和青少年测量身高：测量前，被测者应先脱去鞋袜、帽子和外套，靠墙站立，取立正姿势，双手自然下垂贴于大腿外侧，脚跟靠拢，脚尖向外略分开，脚跟、臀部、两肩胛角均同时靠着墙面，头部保持正直位置；测量者手持硬纸板，让板底与头顶部正中线的最高点接触，并画线标记；用尺量出地面到标记线的垂直距离，即为身高。

怎样计算靶身高

靶身高也叫遗传身高，是成年后能达到的最终身高。靶身高反映了父母平均身高，即遗传对儿童身高的影响。儿童靶身高可按以下方式计算：

男孩成年身高（厘米）=（父亲身高+母亲身高+12）÷2±4

女孩成年身高（厘米）=（父亲身高+母亲身高−12）÷2±4

根据以上方式计算出的身高范围对大部分孩子有效。如果孩子现在的身高和最终身高在靶身高范围内，是正常的，反之则应寻找原因并进行干预。

骨龄何以反映身高潜力

孩子身高的增长要结合"骨龄"一起评估。所谓骨龄，就是骨骼年龄的简称，是用小儿骨骼实际发育程度与标准发育程度进行比较，所求得的一个发育年龄。

由于人体骨骼发育的变化基本相似，每一根骨头的发育过程都具有连续性和阶段性，不同阶段的骨头具有不同的形态特点，因此，骨龄能较为精确地反映人从出生到完全成熟的过程中各年龄段的发育水平。骨龄在很大程度上代表了儿童身体的真正发育水平，用骨龄判定儿童的生长发育情况比实际年龄更为确切。

医生通常会根据拍摄的手腕部X光正位片来确定骨龄。正常人的骨龄与生理年龄一致或较为相近，但是，在疾病状态下，则可能有较大的差异，如生长激素缺乏时，骨龄低于生理年龄；性早熟时，骨龄则会大于生理年龄。通常，骨龄与生理年龄相差±2岁以内为正常范围。

一般，女孩的长骨在骨龄16～17岁时，会停止生长；而男孩的长骨在骨龄18～19岁时，会停止生长。长骨生长的停止，意味着身高增长的停止。通过骨龄可以预测儿童成年后的身高，指导一些身材矮小孩子的治疗，还有助于部分儿科内分泌疾病的诊断。

怎样正确评估孩子生长状况

尽管每个孩子的生长发育都不相同，不过还是有一个大致的趋势。就大多数情况而言，孩子出生时的平均身高约为50厘米；出生第1年内，身高增长速度最快，平均增长20～25厘米；1～3岁，平均每年增长8～10厘米；3岁后，增长速度逐渐递减，每年增长5～7厘米。

以上趋势，大致反映了孩子身高的年增长速率，3岁以前是孩子身高生长速率的第一个高峰期；自3岁到青春期前，生长速率较为平稳，呈缓慢下降趋势；青春期开始后，生长速率进入第二个高峰期。据此，父母可根据每年孩子的身高，绘制其生长曲线，并参照儿童标准生长曲线，及时检测孩子的生长发育情况。这些可以通过"儿童成长管理APP"来完成，一旦孩子某一阶段的生长发育情况与正常情况差异较大，父母应及早带孩子就医。

谁阻碍了孩子长高

无论是《白雪公主》里的七个小矮人，还是《安徒生童话》中的拇指姑娘，那小小的身板真是可爱极了。可是，现实生活中，如果自己的孩子身材矮小，作为父母可不能不以为意。身材矮小，会直接影响到孩子的生理和心理健康。那么，怎样才算身材矮小呢？

医学上将身高处于同性别、同年龄正常健康儿童生长曲线第3个百分位数以下，或者低于2个标准差者，称为身材矮小。家长可通过以下方式，更为简单直接地判断孩子是否身材矮小：如果孩子在班上按身高站队时站前3个，或2岁之后每年身高增长低于5厘米，或一个尺码的衣服、鞋子穿几年都不小，则孩子身材矮小。

影响孩子身材矮小的因素很多，大致包括以下几个方面：

遗传

遗传基因对孩子的身高有不可否认的重要作用。孩子生长发育的特征、潜力、趋向、限度等都受父母双方遗传因素的影响。一般来说，高个子父母所生孩子的身高要比矮个子父母所生同龄孩子的身高要高一些。

性早熟

性早熟是一个相对的时间概念，是指第二性征出现的年龄比同时代、同种族、同性别的正常人群要早。女孩在8岁时出现明显的第二性征和（或）9岁前出现月经初潮，男孩在9岁前出现第二性征和（或）睾丸开始发育，就被认为是"性早熟"。

孩子性早熟的开始阶段，个头蹭蹭上长，最后却比一般正常发育的同龄孩子个头要矮。这是为什么呢？

肾上腺性激素直接影响孩子的骨骼生长，但是激素的分泌并非是永久持续的，到了青春期后期，性激素分泌会降低，骨骼的生长会变缓或停止。最为关键的是，性早熟大大缩短了孩子的生长周期。受性激素影响，儿童逐渐向成人过渡，身高、体重迅速增加，身体的各个部位逐渐发育成熟，骨龄也比同龄人大，骨骼生长提前开始又提早结束，孩子的身高还没达到正常水平，长高就已经变成"过去式"。

另外，性早熟的孩子在生理上逐渐发育成熟，但是心理却仍旧停滞在孩童阶段，心理压抑、不良情绪都可能抑制生长激素的分泌，进一步阻碍孩子长高。

营养

充足而均衡合理的营养是孩子生长发育的物质基础。营养的供给会影响身高的增长和身体其他各系统的功能，并且年龄越小，受营养的影响越大。其中，营养不良、缺乏核心营养素及营养过剩均会阻碍孩子长高。

营养不良阻碍长高

营养不良是缺乏热量和蛋白质所致的一种营养缺乏症。在孩子生长发育的各个阶段，营养不良都会对健康和发育造成损害，尤其是在生长发育关键期受损，则会影响下一阶段的生长，有时这种影响还是终生的。

婴幼儿营养不良，会严重影响孩子的身高、体重及身体各个器官的发育，尤其是对大脑和骨骼的影响最为明显，使孩子日后的体格发育、运动能力和智力发育均落后于正常孩子。

儿童期营养不良，会减缓骨骼的成熟，影响骨的长度和骨皮质的厚度，并延迟青春期生长突增开始的年龄，造成体格矮小。

青春期营养不良，可能造成孩子突增的幅度小，或是开始突增的年龄推迟，长高的可能性大大降低。

核心营养素缺乏阻碍长高

钙、锌、维生素A、维生素D及维生素C长期摄取不足，都会直接影响到孩子的骨骼生长。

营养过剩影响长高

为了让孩子长得更高、更健康，父母往往不吝给孩子补充各种营养素，久而久之，导致孩子营养过剩，长胖却没长高，这又是为什么呢?

人体内的营养物质是以"动态平衡"的方式存在的，若摄入的蛋白质过多，必然会增加身体额外的热量消耗，导致消化不良和营养障碍，最终影响孩子长高。同时，营养过剩，还有可能导致孩子性早熟和肥胖，阻碍孩子长高。

疾病

有些孩子出生就伴有某种生理疾病，如小儿麻痹症、先天性小儿甲状腺激素缺乏症、先天性软骨发育不全、染色体疾病等，或患有急性传染病、慢性疾病（如慢性肝炎、慢性肾炎、慢性贫血）以及佝偻病等，如果得不到及时的治疗，都会造成孩子生长发育迟缓或不足。

另外，治疗疾病的过程中，一些药物，如利他林和某些刺激性药物，对孩子的生长发育也会有所损害。

心理因素

健康不仅是身体健康，还包括心理健康，并且二者会相互影响。心理学家发现，孩子的精神状况与长高有着重要的联系。因精神因素造成的孩子身高缺陷，医学上称为"心理性矮小"或"精神剥夺性侏儒症"。父母离异、父母患心理疾病、缺少关爱、孩子与父母关系不和谐、学习成绩差、升学压力大……都会增加孩子的精神压力，使脑垂体分泌激素减少，胃肠道功能降低，影响食欲和营养的吸收，从而使孩子身高受到限制。

孩子长高秘诀

尽管孩子的最终身高大部分由遗传决定，但仍有约30%的因素是由后天环境所决定。抓住了这些后天因素，也就抓住了孩子长高的秘诀。让孩子赢在"高"处，父母不得不注意以下几点：

把握三个长高黄金期，为长高加速

按照生长规律，孩子的身高增长有三个关键期：婴幼儿期、儿童期、青春期。这三个发育高峰阶段，正是孩子长高的"黄金期"。针对孩子长高的不同时期，父母要因时制宜，为孩子长高"护航"。

婴幼儿期——快速长高期

婴幼儿期是一个从初生状态逐渐趋向遵循其遗传素质规律的过程，是孩子长高的关键期。

合理喂养

4~6个月时，孩子的吞咽反应会逐步取代伸舌反应。从4个月起逐渐给孩子添加辅食，可以很好地帮助孩子从流质饮食向半固体、固体饮食过渡。如果不能及时完成这种过渡，孩子吃固体食物时就不能下咽、容易呕吐，进而影响孩子正常的生长发育。

食物多样化

如果婴幼儿时期的食物品种过于单调，到了儿童期，出现偏食、挑食的可能性将会大大增加。并且，食物多样化，也可保证孩子营养均衡、全面，为孩子生长发育打好基础。

睡眠充足

为孩子营造安静、舒适的睡眠环境。自孩子出生4个月开始，可逐渐减少夜间授乳的次数，保证孩子在晚上10点至凌晨2点处于深度睡眠状态。白天可适当安排孩子午睡。

儿童期——平稳长高期

儿童期孩子的身高增长依然较快，只是增加幅度较婴幼儿期放缓，身高增长速度趋于平缓。

关注孩子每年的身高增长

人的生长速度并不是均衡的，每个人都有自己的特点。一般，每隔3~6个月要给孩子测量一次身高，每年增高5~7厘米属于正常，否则，就需要带孩子就诊了。

预防孩子性早熟

在平常生活中，父母应注意观察孩子的生理变化，一旦发现孩子有性早熟倾向，除了要及时带孩子就医检查外，还要特别关注孩子的心理变化，帮助孩子适应自己身体的新变化。此外，在饮食方面，父母不应给孩子喝加工饮料、吃含性激素的食品或成人补品，如蜂王浆、人参、益母草、肉苁蓉等。

多参与户外活动

户外活动不但能训练孩子的运动能力和人际交往能力，还能促进新陈代谢，使孩子长更高。这一阶段，孩子的运动能力逐渐增强，家长要多鼓励孩子与同伴玩耍、参与学校的体育运动及家中的辅助运动。

青春期——生长高峰期

青春期是孩子长高的第二个高峰期。大部分男孩身高增长最快的年龄为13~15岁，女孩为11~13岁。为了让孩子长得更高，家长尤其应注意孩子的身高变化、营养、运动和心理等问题。

关注孩子发育后的身高突增

女孩在乳房发育后1年左右，男孩在变声前，身高增长加速。女孩初潮后平均可再长5厘米，男孩变声后可再长5~10厘米。

睡眠、运动帮助孩子长得更高

充足的睡眠和适当的运动有助青春期孩子的快速生长，尤其是运动，可显著增加孩子的生长速度（即使在初潮出现后也是如此），同时还能延长身高突增的持续时间。

为孩子减压

升学是青春期孩子面对的主要压力。加之父母的期望和念叨，青春期生理、心理的变化，都会加大孩子的压力。父母要理解孩子面对的压力，多与孩子沟通，同时尊重和适当引导孩子的行为，而非强制命令孩子遵从家长的想法行事。

科学饮食，补充长高能量

膳食均衡

处于生长发育期的孩子，只有摄取种类丰富的食物，才能保证营养素的全面均衡，促进生长发育和提高免疫力。其中谷物、肉、蛋类、蔬果以及奶类，可为孩子成长提供糖类、脂肪、蛋白质、维生素、矿物质等营养素，它们是构成平衡膳食的主要食物。

蛋白质供应充足

处于生长发育期的孩子，对蛋白质的需求比成人高很多，如果供给不足，则会直接影响到身高增长。在日常饮食中，父母可多为孩子准备诸如猪瘦肉、鱼虾、禽蛋、乳类、豆类及其制品等蛋白质含量丰富的食物。此外，青少年还应适当补充肉皮、猪蹄、鸡、甲鱼等富含胶原蛋白和黏蛋白的食物。

适量补充维生素

新鲜的蔬菜，如白菜、胡萝卜、黄瓜、青椒、西红柿等；新鲜的水果，如橘子、香蕉、梨、苹果、葡萄；动物肝脏、蛋黄、牛奶、奶酪等食物中含有对孩子长高有益的维生素A、维生素D、维生素C等维生素，平时可多给孩子食用。

矿物质必不可少

钙、锌与儿童的生长发育和长高有密切的关系，这些营养素缺乏会使身材矮小。在饮食中需要适量补充含钙或锌高的食物，如虾皮、牛奶、鸡蛋、鱼、芝麻酱、豆类及其制品等含钙量高的食物，动物肝脏、牛肉、羊肉、花生、核桃、芝麻等含锌量高的食物。

饮水需充足

水是生命之源。儿童体内水分含量相较于成人要多，占体重的70%～75%。孩子生长发育快，新陈代谢旺盛，需要的热量多，需水量也较大。水分可促进新陈代谢，使体内的毒素易于排出，进而有助于生长发育。婴幼儿每天都需要饮用适量的白开水；儿童每日饮水量需达2000毫升。不宜选用加工果汁、碳酸饮料作为孩子的日常饮水。

由于水没有味道，有些孩子可能不喜欢喝，父母可以为孩子选购一个漂亮的杯子，以引起孩子喝水的兴趣。

防治营养过剩与肥胖

营养过剩和肥胖均会限制孩子长高。营养过剩，是引起儿童肥胖的一个重要因素。与此同时，肥胖儿童大多喜食高热量、高脂肪和含糖量高的食物，这又会使孩子进一步营养过剩，形成恶性循环。

防治孩子营养过剩与肥胖，需要培养孩子健康的饮食习惯，合理摄取蛋白质，增加饮食中新鲜蔬菜、粗粮的摄入量，以补充膳食纤维，控制体重增长；不盲目进食高脂肪、高糖食品以及补品，少吃零食、膨化食品、洋快餐和油炸食品；不长时间坐着看电视，多参与体育锻炼，通过增加日常活动量，来消耗多余的热量和脂肪。

忌盲目进食保健品

有些父母由于担心孩子营养不足或不够健康，会为孩子购买一大堆保健品，且强迫孩子食用。有些保健品给儿童食用，不但无益，反而有害。长期食用保健品，会造成基本营养素缺乏。更为可怕的是，某些保健品中含有激素类成分，长期食用会导致孩子肥胖、性早熟，还可能诱发高血压等疾病。这样不仅使孩子长高的时间大大缩短，还对孩子的健康非常不利。

培养健康的饮食习惯

不良的饮食习惯，如不吃早餐、零食食用过量等均会妨碍孩子身体的正常发育，阻碍孩子长高。因此培养孩子健康的饮食习惯非常重要。

第一，定时定量进餐。让孩子按时吃饭，两餐间隔时间最好为4~6小时，以保证胃肠道充分消化吸收营养和保持旺盛的食欲，避免让孩子过度饥饿或过度饱食。

第二，吃好早餐。儿童不吃早餐或早餐吃得不好，不但无法满足孩子上午的热量需求，还可能造成代谢紊乱、生长发育迟缓等问题。父母应重视孩子吃早餐的问题，为孩子准备的早餐应清淡少油、品种多样，最好包括豆浆等大豆制品或牛奶、鸡蛋、谷物以及新鲜蔬果。

第三，细嚼慢咽。应引导孩子吃东西时细嚼慢咽，食物经过充分的咀嚼，不仅可以提高胃肠道的消化吸收率，还能促进口腔运动和锻炼脸部肌肉。

第四，快乐用餐。吃饭时心情好，不仅可以增进食欲，还能促进消化液的分泌，使胃肠道对营养的吸收更充分。父母应为孩子营造愉快的就餐环境，不要在餐桌上教育孩子。

充足睡眠，长高最好的补药

孩子熟睡时的生长速度是醒着时的3倍，这是由于脑垂体在孩子熟睡时会分泌更多的生长激素。人在睡眠时肌肉放松，也有利于关节和骨骼的伸展。睡眠不足或睡眠质量不高，会使孩子出现反应迟钝、吃饭胃口差、体重增长缓慢、记忆力减退、注意力不集中等问题。因此，保证充足的睡眠时间，提高睡眠质量，对孩子生长发育至关重要。

不同年龄段儿童一昼夜所需的睡眠时间不同：新生儿，14~16小时；2~3个月，14~18小时；5~9个月，13~16小时；1~3岁，12~14小时；4~6岁，11~12小时；7~10岁，10小时；10~14岁，9小时；青春期，9~10小时。

父母要培养孩子按时睡觉、按时起床的习惯，久而久之，孩子的作息时间便会形成规律；为孩子创造良好的睡眠环境，保持卧室空气清新，且避免噪声和强光；指导孩子养成正确的睡姿，宜选择右侧卧睡，避免蒙头大睡；睡觉前不要让孩子做太过兴奋或活动量大的运动，以免孩子难以入眠；白天可适当安排孩子午睡，以半小时为宜。

合理运动，长高的助椎器

运动可以加强机体新陈代谢，加速血液循环，促进生长激素的分泌，使骨骼变长、骨密度增高、骨重量增加。同时，运动还可消耗体能，使孩子的体液由酸性向弱酸性过渡，有利于血液中的钙向骨骼转移，让孩子长得更高。另外，运动能增进食欲、保证睡眠质量，间接促进孩子骨骼、肌肉的发育。

对孩子骨骼发育有益的运动包括跑步、跳跃、引体向上、单杠、自由体操、打排球、打篮球、打网球、打羽毛球、游泳等，它们都能不同程度地促进骨骼、软骨的生长。不过儿童在做这些运动时要讲究技巧，才能达到事半功倍的效果。然而，并非所有的运动都对增高有利，有些运动则可能抑制孩子长高，儿童要避免过早进行举重、相扑、摔跤、划船、负重跑等运动。

妈妈必修课

　　吃，是促进孩子长高和生长发育最简单、最有效的方法。究竟给孩子吃什么、怎样吃，才能让孩子长更高呢？面对爱子心切的父母，本章列举出了8种有益孩子长高的食材，从营养成分、增高功效，甚至烹调方法等方面逐一进行了介绍，并在每种食材下推荐两道营养丰富的长高食谱，让孩子在吃出健康的同时，快乐长高。

PART 2

儿童长高
食材集中营

大米	花菜	紫菜	牛肉	牡蛎
小麦	青椒	银耳	鸡肝	海参
小米	芥菜	木耳	猪肝	虾米
青豆	大白菜	鸭肉	鸡蛋	虾皮
黑豆	红枣	鸽子肉	酸奶	三文鱼
黄豆	山楂	鸡肉	奶酪	鳕鱼
黑芝麻	草莓	兔肉	牛奶	榛子
蚕豆	海带	猪肉		

大米

『最佳烹调法』
煮、蒸

▶营养成分：含有蛋白质、膳食纤维、钙、磷、铁、葡萄糖、果糖、麦芽糖、维生素B₁、维生素B₂、烟酸、叶酸、维生素E等。

增高功效

　　大米营养全面而均衡，可预防营养不良引起的发育迟缓；其糖类含量较高，是人体能量的主要来源。大米还含有较多的钙、磷等矿物质元素，是组成骨骼的主要成分。

营养分析

　　大米有益于儿童的肠胃发育和健康，能刺激胃液的分泌，有助于消化，并对脂肪的吸收有促进作用。其还能促使奶粉中的酪蛋白形成疏松而又柔软的小凝块，使之容易消化吸收，补充发育期的营养。米粥具有补脾、和胃、清肺、聪耳明目的功效。

温馨提示

　　1.挑选大米时，应以硬度大、腹白少的为优，表面呈灰粉状或有白道沟纹的米是陈米，其量越多则说明大米越陈旧。
　　2.淘洗大米时不宜搓洗，次数也不宜过多，以减少营养素的流失。

搭配宜忌

 ✔大米+栗子　健脾养胃、壮筋骨

 ✔大米+菠菜　滋阴补血

 ✔大米+山药　助消化

 ✘大米+蕨菜　降低维生素B₁的吸收

长高食谱

专家点评

坚果类食物中含有丰富的不饱和脂肪酸、维生素B₁及维生素E，能有效清除人体内的自由基，提高人体抗病能力。搭配大米食用，对儿童成长发育极为有益。

五仁大米粥

原料：

水发大米135克，花生米、瓜子仁、杏仁、核桃仁、白芝麻各少许

调料：

白糖少许

做法：

1.砂锅中注入适量清水烧热。

2.倒入洗净的花生米、瓜子仁、杏仁、核桃仁、白芝麻。

3.放入备好的大米，搅拌均匀。

4.盖上盖，烧开后用小火煮约50分钟，至食材熟透。

5.揭盖，加入少许白糖，拌匀，用中火煮至白糖溶化。

6.关火后盛出煮好的粥即成。

长高食谱

专家点评

海米含有蛋白质、钙、磷等营养物质，具有补钙、益智健脑、补虚等功效，搭配米饭食用，还能滋阴健胃，提升儿童的胃肠功能，促进生长发育。

青菜烫饭

原料：

米饭150克，火腿丝15克，海米15克，小白菜25克

做法：

1.沸水锅中倒入备好的火腿丝、海米，搅拌均匀。

2.煮1分钟至其熟软。

3.放入备好的米饭，加入洗净的小白菜，搅拌均匀。

4.煮约1分钟至食材熟透。

5.关火后盛出煮好的食材，装入备好的碗中即成。

小麦

『最佳烹调法』
煮、蒸

▶营养成分：含糖类、粗纤维、蛋白质、脂肪、钙、磷、铁、钾、锌、维生素B$_1$、维生素B$_2$、烟酸、生物素、维生素E等。

增高功效

小麦含蛋白质较高，是人体蛋白质和热量的重要来源，且含有多种维生素，有助于儿童的体格发育。此外，常食小麦还能促进睡眠，可辅助增高。

营养分析

小麦中的膳食纤维可以促进胃肠蠕动，预防儿童便秘。而维生素B$_1$和维生素B$_2$是维持人体正常生长机能和代谢活动必不可少的物质，能维持神经系统和皮肤的健康，参与能量代谢，增强体力、滋补强身。

温馨提示

1.选购小麦粉时要注意观察其色泽。优质的小麦粉色泽为白中略带浅黄色，如果颜色为灰白色或青灰色则不宜购买。选购时还可以用手将其握紧成团，久而不散的小麦粉所含水分较高，不易储存。

2.民间有"麦吃陈，米吃新"的说法，存放时间适当长些的面粉比新磨的面粉品质好。

搭配宜忌

 ✓ 小麦+荞麦　营养更全面

 ✓ 小麦+莜麦　提供全面营养

 ✓ 小麦+大枣　治疗腹泻

 ✗ 小麦+枇杷　导致腹痛

长高食谱

小麦玉米豆浆

原料:

水发黄豆40克,水发小麦20克,玉米粒15克

做法:

1.将已浸泡8小时的小麦、黄豆倒入碗中,注入适量清水,用手搓洗干净。

2.把洗好的食材倒入滤网,沥干水分。

3.将洗净的食材倒入豆浆机中,再加入洗净的玉米粒;注水至水位线。

4.盖上豆浆机机头,选择"五谷"程序,再选择"开始"键,开始打浆。

5.待豆浆机运转约20分钟,即成豆浆;将豆浆机断电,取下机头。

6.把煮好的豆浆倒入滤网,滤取豆浆。

7.将滤好的豆浆倒入杯中即成。

专家点评

玉米和小麦都含有丰富的膳食纤维,能提高儿童食欲、帮助消化;且玉米中还含有蛋白质、亚油酸、钙、磷等营养成分,能提高儿童免疫力、促进生长发育。

长高食谱

红米小麦红薯粥

原料:

水发红米180克,水发小麦140克,花生米80克,红薯75克

做法:

1.去皮洗净的红薯切滚刀块,备用。

2.砂锅中注入适量清水烧热,倒入洗净的小麦。

3.盖上盖,烧开后用小火煮约20分钟,至其变软。

4.倒入洗净的红米、花生米,放入红薯块,搅拌匀;用小火续煮约30分钟,至食材熟软。

5.关火后揭盖,搅拌几下,盛出煮好的红薯粥。

6.装入碗中,待稍凉后即可食用。

专家点评

小麦含有淀粉、蛋白质、维生素A、B族维生素、维生素C、钙、铁等营养成分,对维持身体各项功能正常运转、促进骨骼发育有一定作用。

小米

『最佳烹调法』
煮、蒸、炒

▶营养成分：含有糖类、蛋白质、脂肪、钙、磷、铁、钾、维生素B_1、维生素B_2及胡萝卜素、烟酸、维生素E、硒等。

增高功效

小米具有滋阴养血的作用，对防止儿童发育不良有较好的食疗作用，可促进儿童对各种营养素的吸收，改善骨骼和神经肌肉系统的发育，防止身材矮小。

营养分析

小米具有抑菌作用，可减少口中的细菌滋生，去除口臭，治疗小儿脚气病、癞皮病、精神倦怠等症。此外，小米还能除热、止烦渴、利小便、补养肝气，止儿童虚汗，预防儿童发育迟缓。

温馨提示

1.选购小米时，宜以米粒大小相当、颜色均匀，呈乳白色、黄色或金黄色，有光泽，少有碎米，无虫，无杂质的为佳。

2.由于小米的氨基酸中缺乏赖氨酸，而大豆氨基酸中富含赖氨酸，小米与大豆或肉类食物混合食用，可以补充小米赖氨酸的不足。

搭配宜忌

 ✓小米+鸡蛋　促进蛋白质的吸收

 ✓小米+红糖　补虚、补血

 ✓小米+黄豆　健脾和胃、益气宽中

 ✗小米+杏仁　易致腹泻、呕吐

长高食谱

专家点评

小米含有蛋白质、B族维生素、钙、磷、钾等营养成分，能健胃消食、补益虚损，搭配富含维生素A的胡萝卜同食，可促进骨骼钙化，帮助骨骼生长。

金枪鱼蔬菜小米粥

◖原料：

罐装金枪鱼肉60克，水发大米100克，水发小米80克，胡萝卜丁55克，玉米粒40克，豌豆60克

◖调料：

盐2克

◖做法：

1.砂锅中注入适量清水烧热，倒入备好的小米、大米、玉米粒、豌豆。

2.放入胡萝卜、金枪鱼，拌匀。

3.盖上盖，烧开后用小火煮约30分钟至食材熟透。

4.揭开盖，加入适量盐。

5.搅拌匀，至食材入味。

6.关火后盛出煮好的粥即可。

长高食谱

专家点评

小米含有维生素A、维生素D、维生素B₁₂、钙等营养成分，具有滋阴养血、健脾和胃等功效，可保证孩子摄入充足的营养，防止小儿发育迟缓。

双豆小米豆浆

◖原料：

豌豆5克，小米15克，水发黄豆50克，冰糖适量

◖做法：

1.将已浸泡8小时的黄豆倒入碗中，放入小米，注入适量清水，用手搓洗干净。

2.把食材倒入滤网，沥干水分。

3.把豌豆、黄豆、小米、冰糖倒入豆浆机中，注入适量清水，至水位线即可。

4.盖上豆浆机机头，选择"五谷"程序，再选择"开始"键，开始打浆。

5.待豆浆机运转约20分钟，即成豆浆；将豆浆机断电，取下机头。

6.把煮好的豆浆倒入滤网，滤取豆浆，倒入碗中，用汤匙撇去浮沫即可。

青豆

『最佳烹调法』
煮、炒、蒸

▶营养成分：含有蛋白质、脂肪、糖类、不饱和脂肪酸、胡萝卜素、大豆磷脂、角苷、蛋白酶抑制剂、异黄酮、铁、钙、磷等。

增高功效

青豆富含优质蛋白和钙、磷等成分，既能维持机体钙、磷代谢平衡，有助于钙的利用，又能为孩子的长骨发育创造良好的物质条件，对儿童长高有利。

营养分析

青豆含有多种必需氨基酸，尤以赖氨酸含量为高，与谷物搭配食用，具有蛋白质互补的作用，有助于儿童的生长发育。青豆富含不饱和脂肪酸，有健脑益智和防止脂肪肝形成的功效。常食青豆还能预防儿童贫血。

温馨提示

1.挑选青豆时，不宜买颜色过于鲜艳的；买回青豆后，可以用清水浸泡一下，若不掉色，且剥开后的芽瓣是黄色的，则说明是好青豆。

2.青豆适合与红肉搭配食用，能较好地补充动物蛋白和植物蛋白，且色泽亮丽，适合儿童食用。

搭配宜忌

 ✔青豆+排骨 补钙

 ✔青豆+玉米 明目

 ✔青豆+虾仁 健脾益气、清热解毒

 ✘青豆+沙丁鱼 诱发疾病

Two recipes: 青豆豆浆 and 青豆鸡丁炒饭.

长高食谱

青豆豆浆

原料：

青豆100克

调料：

白糖适量

做法：

1.将去壳的青豆装入大碗中；倒入适量清水，搓洗干净；放入干净的滤网中，沥干水分。

2.把青豆放入豆浆机中，加入适量清水，至水位线即可。

3.选择"五谷"程序，按"开始"键，待豆浆机运转约15分钟，即成豆浆。

4.把榨好的豆浆倒入滤网，滤去豆渣。

5.将豆浆倒入小碗中，加入适量白糖，搅至溶化，待稍微放凉后即可饮用。

专家点评

青豆含有蛋白质、不饱和脂肪酸、膳食纤维、胡萝卜素、B族维生素等营养成分，可以改善脂肪代谢，防止肥胖影响儿童身高发育。

长高食谱

青豆鸡丁炒饭

原料：

米饭180克，鸡蛋1个，青豆25克，彩椒15克，鸡胸肉55克

调料：

盐2克，食用油适量

做法：

1.彩椒、鸡胸肉切成小丁块，鸡蛋打散、拌匀，待用。

2.开水锅中倒入洗好的青豆，煮约1分30秒，至其断生，再倒入鸡胸肉，拌匀，煮至变色；捞出食材，沥干。

3.用油起锅，倒入蛋液，炒散；放入彩椒、米饭，炒散；倒入汆过水的食材，炒至米饭变软；加少许盐，炒匀调味。

4.关火后盛出炒好的米饭即可。

专家点评

鸡胸肉有补虚强身的作用，鸡蛋含有钙、磷、维生素D等促进骨骼生长的营养成分，两者搭配食用，具有强身健体、增高助长、益气补血等功效。

黑豆

『最佳烹调法』
煮、蒸、炒

▶营养成分：含有蛋白质、脂肪、膳食纤维、B族维生素、烟酸、维生素E、钙、磷、钾、镁、铁、锌、黑豆色素、黑豆多糖和异黄酮等。

增高功效

黑豆中的钙含量是豆类之首，能为儿童补充足够的钙，预防长骨发育不良、生长发育迟缓以及骨骼畸形，有助于维持儿童正常的体格发育。

营养分析

黑豆含铁丰富，能养血平肝、补肾滋阴、生血乌发。黑豆中的不饱和脂肪酸能转化为卵磷脂，是脑神经的主要成分，儿童常食黑豆，能健脑益智。且黑豆皮含有较多的膳食纤维，能促进胃肠蠕动。

温馨提示

1.购买黑豆时，需注意黑豆有黄仁黑豆和绿仁黑豆两种，比较而言，绿仁黑豆的营养价值要高。

2.儿童宜食煮熟后的黑豆，因为未熟的黑豆易引起胀气。此外，还可购买黑豆粉，用其制作面食食用，或直接食用黑豆的加工食品，这样有利于消化。

搭配宜忌

 ✔黑豆+橙子　营养丰富

 ✔黑豆+红枣　补肾补血

 ✔黑豆+红糖　滋补肝肾、活血乌发

 ✘黑豆+海带　出现胃痉挛

长高食谱

专家点评

　　花生米含有蛋白质、钙、磷等营养成分，具有促进身体发育、增强记忆力等功效，搭配含钙较高的黑豆食用，能预防幼儿骨骼发育不良。

黑豆三香豆浆

● 原料：

花生米30克，核桃仁20克，水发黑豆60克，水发黄豆60克，黑芝麻20克

● 做法：

1.将已浸泡8小时的黄豆倒入碗中，加入黑豆、花生米、核桃仁、黑芝麻；倒水搓洗干净。

2.将洗好的材料倒入滤网，沥干水分。

3.把洗好的材料倒入豆浆机中，注入适量清水，至水位线即可。

4.盖上豆浆机机头，选择"五谷"程序，按"开始"键，待豆浆机运转约20分钟，即成豆浆。

5.把煮好的豆浆倒入滤网，滤取豆浆；倒入杯中，用汤匙捞去浮沫即成。

长高食谱

专家点评

　　黑豆含有蛋白质、维生素、异黄酮、钙、磷等营养成分，有助于幼儿体格正常发育。此外，搭配黑米及桑葚同食，还可缓解小儿头发枯黄、稀少的现象。

桑葚黑豆黑米粥

● 原料：

桑葚15克，水发黑豆20克，水发黑米50克，水发大米50克

● 调料：

冰糖10克

● 做法：

1.砂锅中注入适量清水烧开，倒入洗好的桑葚。

2.盖上盖，用小火煮15分钟至其析出有效成分，捞出桑葚。

3.倒入洗好的黑豆、黑米、大米，搅拌均匀。

4.盖上盖，用小火煮40分钟至食材熟透，放入适量冰糖。

5.搅拌匀，煮至冰糖溶化，盛出装碗。

黄豆

『最佳烹调法』
煮、蒸、炒

▶营养成分：富含蛋白质，铁、镁、锰、铜、锌、硒等多种矿物质，以及8种人体必需的氨基酸和天门冬氨酸、卵磷脂、可溶性纤维、谷氨酸等。

增高功效

黄豆中富含蛋白质以及多种氨基酸，且氨基酸的比例接近人体需要，在体内的吸收利用率高，适当补充可促进儿童骨骼的生长发育。

营养分析

黄豆营养价值高，含有丰富的不饱和脂肪酸、钙及B族维生素，可提高儿童免疫力。此外，黄豆中还含有较多的铁，且容易被人体吸收，对促进小孩生长发育和预防缺铁性贫血有较好的食疗功效。

温馨提示

1.生黄豆在消化的过程中会产生较多的气体，容易造成胀肚，且含有对健康不利的抗胰蛋白酶和凝血酶，所以不宜给孩子吃生黄豆或夹生黄豆。

2.烹调黄豆时，可以滴几滴黄酒，再放入少许盐，或用凉盐水清洗，都可去除黄豆的豆腥味。

搭配宜忌

 ✔黄豆+胡萝卜 有助于骨骼发育

 ✔黄豆+香菜 防治感冒

 ✔黄豆+小米 有利于营养素的吸收

 ✘黄豆+虾皮 影响钙的消化吸收

长高食谱

专家点评

黑木耳能益气补血、补钙，搭配黄豆、薏米等含糖类丰富的食物，能补充幼儿生长所需的热量，提高幼儿免疫力，维持幼儿生命活力。

黄豆薏米木耳汤

原料：

水发木耳50克，白果70克，水发黄豆65克，薏米45克，姜片适量

调料：

盐2克

做法：

1.砂锅中注入适量清水烧热。

2.倒入备好的薏米、白果、黄豆、木耳，撒上姜片。

3.盖上锅盖，烧开后用小火煮约30分钟至食材熟透。

4.揭开锅盖，加入适量盐，搅匀调味。

5.关火后盛出煮好的汤料，装入备好的碗中即可。

长高食谱

专家点评

排骨段中含有磷酸钙、骨胶原、骨黏蛋白等构成骨骼的重要元素；海带能提高免疫力、促进胃肠蠕动，故此道膳食对促进儿童生长发育有益。

酱烧排骨海带黄豆

原料：

排骨段350克，水发海带80克，水发黄豆65克，草果、八角、桂皮、香叶、姜片、葱段各少许

调料：

料酒5毫升，老抽2毫升，生抽4毫升，盐2克，鸡粉2克，胡椒粉、水淀粉各少许

做法：

1.海带用斜刀切块；汆煮排骨，沥干；用油起锅，倒入姜片、葱段、爆香。

2.倒入排骨、香叶、草果、桂皮、八角、料酒、老抽、生抽，翻炒；倒入黄豆，加清水、海带，炒匀，煮沸。

3.焖熟；加葱、盐、鸡粉、胡椒粉；水淀粉收汁，装盘，去桂皮、姜片即可。

黑芝麻

『最佳烹调法』
煮、蒸、炒

▶营养成分：含蛋白质、糖类、不饱和脂肪酸、卵磷脂、膳食纤维、氨基酸、B族维生素、维生素E以及钙、铁、锌、磷、镁等。

增高功效

100克黑芝麻中的钙含量高达780毫克，对骨盆和长骨的发育有利，可预防因缺钙引起的儿童身材矮小等，减少营养不良对儿童身高的抑制作用。

营养分析

黑芝麻能补肝肾、益精血，对儿童贫血所致的皮肤干燥、粗糙有食疗作用。芝麻含较多的脂肪，有利于脂溶性维生素的吸收，且能润肠通便。此外，黑芝麻中的必需脂肪酸还能促进大脑和神经系统的发育。

温馨提示

1.购买黑芝麻时，应学会鉴别其真假，可观察黑芝麻断口的颜色，若是黑色，说明是经过染色的，若是白色，则说明是真的。此外，还可将黑芝麻放在湿纸巾上揉搓，若不掉色，也可判断为真。

2.对牙齿尚未发育完全的儿童,可磨成豆浆食用。

搭配宜忌

 ✔黑芝麻+核桃　改善睡眠

 ✔黑芝麻+海带　净化血液

 ✔黑芝麻+黄豆　补充蛋白质

 ✘黑芝麻+鸡腿　影响维生素的吸收

黑芝麻木耳饮

原料：

水发木耳70克，黑芝麻粉少许

做法：

1.汤锅中注入适量清水烧热。

2.放入洗净的黑木耳，撒上备好的黑芝麻粉，搅拌匀。

3.盖上盖，烧开后用小火煮约30分钟，至食材熟透。

4.揭盖，搅拌几下，关火后盛出煮好的汤汁。

5.装入茶杯中，趁热饮用即可。

专家点评

此道膳食中的黑芝麻及木耳都是含钙较高的食物，且木耳含铁也十分丰富，可促进机体血液循环，为骨骼发育输送更多的营养，使骨骼生长加快。

黑芝麻黑豆浆

原料：

黑芝麻30克，水发黑豆45克

做法：

1.把洗好的黑芝麻倒入豆浆机中。

2.倒入洗净的黑豆。

3.注入适量清水，至水位线即可。

4.盖上豆浆机机头，选择"五谷"程序，再选择"开始"键，开始打浆。

5.待豆浆机运转约15分钟，即成豆浆。

6.将豆浆机断电，取下机头，把煮好的豆浆倒入滤网，滤取豆浆。

7.倒入碗中，用汤匙撇去浮沫即成。

专家点评

此道膳食的钙含量较高，对促进长骨发育、骨骼钙化有益，能够有效预防儿童缺钙而引起的生长发育迟缓、佝偻病、软骨病等。

蚕豆

『最佳烹调法』
煮、蒸、炒

▶营养成分：含蛋白质、糖类、脂肪、粗纤维、磷脂、胆碱、维生素B_1、维生素B_2、烟酸和钙、铁、锌、钾、磷等多种矿物质。

增高功效

蚕豆含有丰富的钙，有利于骨骼对钙的吸收，促进儿童骨骼的生长发育；且蚕豆富含的蛋白质，是组成儿童骨骼的重要有机物。

营养分析

蚕豆有益气健脾、利湿消肿的功效，能较好地改善儿童食欲，促进营养物质的吸收；且含有丰富的胆石碱，能调节大脑和神经组织的发育，有增强儿童记忆力的作用。

温馨提示

1.购买新鲜蚕豆时，需注意蚕豆上的筋，若为绿色，则说明是新鲜的。

2.蚕豆含有致敏物质，过敏体质的人吃了会出现不同程度的过敏、急性溶血等中毒症状，有蚕豆过敏经历的儿童一定不要再吃。

搭配宜忌

 ✓ 蚕豆+枸杞 清肝祛火

 ✓ 蚕豆+猪蹄 补气

 ✓ 蚕豆+白菜 增强抵抗力

 ✗ 蚕豆+海螺 引起腹胀

长高食谱

专家点评

蚕豆西葫芦鸡蛋汤

◑ 原料：

蚕豆90克，西葫芦100克，西红柿100克，鸡蛋1个，葱花少许

◑ 调料：

盐2克，鸡粉2克，食用油少许

◑ 做法：

1.锅中注水烧开，倒入蚕豆，煮1分钟，捞出，沥干。

2.把蚕豆外壳剥去；西葫芦、西红柿切成片，鸡蛋打散调匀。

3.开水锅中放入适量盐、食用油、鸡粉；再倒入西红柿、西葫芦、剥好的蚕豆，搅匀。

4.煮2分钟；倒入蛋液，搅至液面浮起蛋花；撒上葱花，煮至断生后装碗。

鸡蛋中富含的蛋白质、氨基酸、钙、铁、锌等，能提高钙的吸收率、促进血液循环，搭配蚕豆食用，能为骨骼生长输送更多营养，加速骨骼生长。

韭菜虾米炒蚕豆

◑ 原料：

蚕豆160克，韭菜100克，虾米30克

◑ 调料：

盐3克，鸡粉2克，料酒5毫升，水淀粉、食用油各适量

◑ 做法：

1.韭菜切段；开水锅中加盐、食用油；倒入洗好的蚕豆，搅匀，煮至断生后捞出，沥干。

2.用油起锅，放入洗净的虾米，用大火炒香；倒入韭菜，翻炒至其变软。

3.淋入料酒，炒香、炒透；加入盐、鸡粉，炒匀调味；

4.倒入备好的蚕豆，炒熟，水淀粉勾芡，装盘即成。

专家点评

虾米除含有蛋白质及钙外，还含有能促进钙吸收的镁元素，搭配蚕豆食用，能补充幼儿生长发育期所需的钙质，起到强健骨骼、增高助长的作用。

花菜

『最佳烹调法』
炒、拌、焯

▶营养成分：含蛋白质、脂肪、糖类、钙、磷、锌、铁、维生素C、胡萝卜素、维生素B_6、烟酸、维生素B_1、维生素B_2以及蔗糖等。

增高功效

　　花菜中的维生素C含量较高，是骨骼和结缔组织的主要组成要素，对骨胶原质的形成非常重要。常食花菜，有助于儿童健康长高。

营养分析

　　花菜中含有维生素K，具有加强血管弹性的作用，还能减少儿童发生碰撞而引起的皮肤瘀青。其丰富的维生素C，可增强肝脏解毒能力，并能提高机体的免疫力，增强体质，预防感冒。

温馨提示

　　1.选购花菜的时候，应选择白色或淡乳色，干净、坚实、紧密，而且叶子部分保留、紧包花蕾的花菜，同时叶子应新鲜、饱满，呈绿色。
　　2.花菜最好即买即吃，即使温度适宜，也不要存放三天以上。

搭配宜忌

 ✔花菜+牛腩　促进维生素B_{12}的吸收

 ✔花菜+里脊肉　提高蛋白质的利用率

 ✘花菜+牛奶　影响钙的吸收

 ✘花菜+黄瓜　破坏维生素C

长高食谱

红椒西红柿炒花菜

原料:

花菜250克,西红柿120克,红椒10克

调料:

盐2克,鸡粉2克,白糖4克,水淀粉6毫升,食用油适量

做法:

1.花菜切小朵,西红柿切小瓣,红椒切成片。

2.锅中注入适量清水烧开,倒入花菜,淋入少许食用油,拌匀,煮至断生。

3.放入红椒,拌匀,略煮一会儿,捞出焯好的食材,沥干;用油起锅,倒入焯过水的材料。

4.放入西红柿,用大火快炒,加盐、鸡粉、白糖、水淀粉,炒匀,装盘。

专家点评

花菜中含有的维生素C,能抗氧化,保护机体细胞,维护骨骼、肌肉、牙齿的正常生长,搭配富含维生素A的西红柿食用,还能保护儿童视力。

长高食谱

茄汁烧花菜

原料:

花菜250克,圣女果25克,蒜末、葱花各少许

调料:

盐3克,白糖6克,番茄酱20克,水淀粉、食用油各适量

做法:

1.花菜切小朵;圣女果切小块;开水锅中放盐、食用油。

2.倒入花菜,煮至花菜断生,捞出,沥干;油锅中倒入蒜末爆香。

3.注水,加白糖和盐,搅匀,淋上番茄酱,搅至糖分溶化。

4.倒入水淀粉,放入花菜,炒匀;盛出,摆上切好的圣女果,撒上葱花即成。

专家点评

花菜含有丰富的类黄酮物质,能增强儿童抵抗力,搭配圣女果食用,不仅营养丰富,而且美味可口,可增强食欲,对缓解儿童因厌食导致的骨骼发育缓缓有益。

青椒

『最佳烹调法』
蒸、炒、煎

▶营养成分：含蛋白质、糖类、脂肪、维生素B₁、维生素B₂、胡萝卜素、维生素C、维生素P、钠、钾、磷、镁、锌、硒等。

增高功效

青椒是含维生素C较高的蔬菜，能激活羟化酶，促进骨骼组织中胶原物质的形成，从而增强儿童的运动机能，刺激运动细胞，促进骨骼的生长。

营养分析

青椒中含有促进维生素C吸收的维生素P，维生素P能强健毛细血管，改善机体造血功能。青椒中含有芬芳辛辣的辣椒素，能帮助消化。青椒含有的叶绿素能防止机体吸收多余的脂肪，预防儿童肥胖。

温馨提示

1.选购青辣椒时，应以成熟的为佳，外观新鲜、厚实、明亮，肉厚；顶端的柄，也就是花萼部分是新鲜绿色的；未成熟的青椒较软，肉薄，柄呈淡绿色。

2.青椒的食用方法：将青椒放入加热到90℃的5%的纯碱水中浸泡3～4分钟，捞出晾干，好看又好吃。

搭配宜忌

 ✔ 青椒+鸡蛋　有利于维生素的吸收

 ✔ 青椒+鸡翅　补充维生素C

 ✔ 青椒+紫甘蓝　促进胃肠蠕动

 ✘ 青椒+黄瓜　破坏维生素C

长高食谱

西红柿青椒炒茄子

◑原料：

青茄子120克，西红柿95克，青椒20克，花椒、蒜末各少许

◑调料：

盐2克，白糖、鸡粉各3克，水淀粉、食用油各适量

◑做法：

1.青茄子切滚刀块，西红柿、青椒切小块；油锅烧至三四成热。

2.倒入切好的茄子，拌匀，中小火略炸，再放入青椒块，炸出香味；捞出食材，沥干油。

3.用油起锅，倒入花椒、蒜末；倒入炸过的食材和西红柿，炒出水分。

4.加盐、白糖、鸡粉、水淀粉，炒匀装盘。

专家点评

茄子与青椒都含有维生素P、镁、铁等营养成分，具有改善血液循环、提高免疫力等功效；搭配富含维生素C及维生素A的西红柿食用，能维持骨骼的正常发育。

青椒炒鸡丝

◑原料：

鸡胸肉150克，青椒55克，红椒25克，姜丝、蒜末各少许

◑调料：

盐2克，鸡粉3克，豆瓣酱5克，料酒、水淀粉、食用油各适量

◑做法：

1.红椒、青椒、鸡胸肉切成丝；鸡肉丝中加盐、鸡粉、水淀粉，抓匀。

2.加入食用油，腌渍10分钟至入味；开水锅中加入食用油，放入红椒、青椒。

3.煮至七成熟，捞出；用油起锅，放姜丝、蒜末，倒入鸡肉丝，炒至变色。

4.放入青椒和红椒，加豆瓣酱、盐、鸡粉、料酒，炒匀，装盘即成。

专家点评

鸡肉中含有丰富的优质蛋白，易被人体消化吸收，对骨细胞的增生和肌肉、脏器的发育十分有利；搭配青椒食用，还能补充儿童长高所需的维生素P。

芥菜

『最佳烹调法』
炒、拌

▶营养成分：含蛋白质、糖类、维生素A、维生素B₁、维生素B₂、维生素C、胡萝卜素、纤维素，还含有钙、镁、铁、钾等矿物质。

增高功效

芥菜的含钙量高于一般蔬菜，能提神醒脑，可预防儿童缺钙时引起的情绪不佳等现象，使其保持轻松愉快的心情，进而加快体内代谢，防止发育迟缓。

营养分析

芥菜的组织较粗硬，含大量膳食纤维，能增强胃肠消化功能，开胃消食，防止儿童便秘。芥菜中含有胡萝卜素，有明目的作用，常食可保护儿童视力。此外，芥菜还含有多种维生素，能促进儿童智力发育。

温馨提示

1.芥菜的外表有点像包心菜，挑选时应选择包得比较饱满，而且叶片肥厚，看起来很结实的芥菜。

2.儿童不宜食用腌制后的芥菜，因为腌制的芥菜含盐分较高，对儿童长高不利，应以鲜食为主。此外，内热偏盛及内患有热性咳嗽的儿童不宜食用芥菜。

搭配宜忌

 ✔芥菜+猪肝　有助于钙的吸收

 ✔芥菜+姜　去痰止咳

 ✖芥菜+醋　破坏胡萝卜素

 ✖芥菜+鲫鱼　引起水肿

燕窝芥菜心

◑ 原料：

芥菜40克，鸡蛋1个，水发干贝20克，上汤300毫升，水发燕窝20克

◑ 调料：

盐、鸡粉各2克，食用油少许

◑ 做法：

1.鸡蛋打开，取出蛋清备用；开水锅中加入少许食用油。

2.倒入洗净切好的芥菜，煮约1分钟至其熟透，捞出，沥干。

3.用油起锅，倒入干贝；注入上汤，大火煮沸，放入燕窝，加盐、鸡粉。

4.拌匀调味；转中火煮沸，倒入蛋清，搅其呈蛋花状。

5.盛出煮好的材料，浇在芥菜上即成。

专家点评

燕窝中含有丰富的活性钙，能给成长期的儿童充足的钙质；搭配芥菜及干贝食用，还有补益健身、开胃消食的作用，对促进儿童生长发育有利。

芥菜竹笋豆腐

◑ 原料：

芥菜末150克，豆腐块300克，竹笋块100克，姜末少许

◑ 调料：

盐、鸡粉各2克，水淀粉、料酒、食用油各适量

◑ 做法：

1.开水锅中倒入洗净切好的豆腐、竹笋，搅拌匀，煮约2分钟，捞起，装盘。

2.锅中注入适量食用油，放入姜末；倒入芥菜末，翻炒约1分钟；淋入料酒，搅匀调味。

3.加入适量清水，搅匀，煮沸；倒入豆腐和竹笋，加盐、鸡粉，拌匀。

4.将食材煮熟，加水淀粉，拌匀，装盘。

专家点评

豆腐含有丰富的蛋白质及钙，能促进骨骼及牙齿的发育；芥菜及竹笋都含有丰富的纤维素，可促进胃肠蠕动，帮助消化，可减少肥胖对儿童骨骼发育的影响。

大白菜

『最佳烹调法』
炖、炒、拌、焯

▶营养成分：含蛋白质、脂肪、糖类、粗纤维、维生素B₁、维生素B₂、维生素E、胡萝卜素、烟酸、维生素C、钙、磷、铁、锌等。

增高功效

白菜中的维生素C和钙，能为骨骼发育提供原材料，使骨骼钙化。此外，白菜中还含有维生素A，对促进骨骼的正常生长和发育有重要意义。

营养分析

白菜甜味较淡、热量也较低，能提供钙质吸收所需的成分。另外，白菜中的钾能将盐分排出体外。白菜中的膳食纤维能促进肠壁蠕动、帮助消化，防止儿童大便干燥，有保持大便通畅的功效。

温馨提示

1.挑选白菜时，可根据根切口部判断是否新鲜，切口水嫩、无隆起的较新鲜，且以卷叶坚实有重量感的为佳。

2.炒白菜时，先在油里加少许盐，再大火快炒，这样能较好地保持白菜的鲜嫩。

搭配宜忌

 ✅ 白菜+猪肝 滋补

 ✅ 白菜+蚕豆 增强抵抗力

 ✅ 白菜+海带 防治碘不足

 ❌ 白菜+兔肉 引起腹泻、呕吐

长高食谱

醋熘白菜片

原料：

白菜250克

调料：

盐2克，白糖3克，鸡粉2克，白醋10毫升，食用油适量

做法：

1.将洗净的白菜切开，去除菜心，改切成小段，备用。

2.用油起锅，倒入白菜梗，炒匀。

3.注入少许清水，倒入白菜叶，炒匀。

4.向锅中加入少许盐、白糖、鸡粉，炒匀调味。

5.调至小火，加入白醋，炒匀。

6.关火后盛出炒好的食材即可。

专家点评

白菜中含有丰富的维生素A，可以促进幼儿骨骼及牙齿生长；其含锌量也较多，能防止幼儿因缺锌而引起的食欲不佳、生长发育迟缓等。

长高食谱

白菜粉丝炒五花肉

原料：

白菜160克，五花肉150克，水发粉丝240克，蒜末、葱段各少许

调料：

盐、鸡粉各2克，生抽5毫升，老抽2毫升，料酒3毫升，胡椒粉、食用油各适量

做法：

1.将洗好的粉丝切成段；洗净的白菜去除根部，切开，改切成段。

2洗好的五花肉切片，备用。

3.用油起锅，倒入五花肉，炒至变色；加入老抽，炒匀上色。

4.放入蒜末、葱段；倒入白菜，炒至变软；放入粉丝，炒匀；加入盐、鸡粉、生抽、料酒、胡椒粉，炒匀，装盘。

专家点评

猪肉含有优质蛋白和人体必需的脂肪酸，能促进骨骼细胞的生长及提高人体免疫力，故此道膳食对幼儿强身健体、增高助长有益。

红枣

『最佳烹调法』
炖、煮

► 营养成分：含有蛋白质、脂肪、多种氨基酸、糖类、有机酸、黏液质、维生素A、维生素C、维生素B_2及钙、磷、铁、钾等矿物质。

增高功效

红枣含有较多的维生素C和锌，能增强儿童食欲，减少其出现挑食、厌食的概率，帮助其接触丰富多样的食物，保证营养全面，打好骨骼正常发育的基础。

营养分析

红枣能提高体内单核细胞的吞噬功能，有保护肝脏、增强体力的作用。红枣中的维生素C，能促进蛋白质的合成，提高机体免疫力，预防儿童感冒。红枣含有的环磷酸腺苷，能够增强肌力、改善心肌营养。

温馨提示

1.鲜枣以皮色紫红，颗粒大而均匀，果形短壮圆整的为佳；干枣则可用手紧捏，若感到滑糯不松泡，则说明质细紧实、枣身干、核小、口感较甜。

2.红枣受风吹后容易干缩、起皱，在地上摊晾时，最好在红枣上加盖一层纱布，防止阳光直射。

搭配宜忌

 ✔ 红枣+栗子 健脾益气、补肾强筋

 ✔ 红枣+南瓜 补中益气、收敛肺气

 ✘ 红枣+牛奶 影响蛋白质的吸收

 ✘ 红枣+虾皮 引起中毒

长高食谱

杞枣煲鸡蛋

◗ 原料：

鸡蛋2个，红枣15克，枸杞少许

◗ 调料：

红糖20克

◗ 做法：

1.洗好的红枣切开，去核，将果肉切小块，备用。

2.锅中注入适量清水烧热。

3.倒入备好的枸杞、红枣，用大火煮一会儿。

4.打入鸡蛋，用小火煮至成形。

5.放入适量红糖，搅拌均匀，煮至红糖完全溶化。

6.关火后盛出煮好的鸡蛋即成。

专家点评

鸡蛋含有蛋白质、卵磷脂、维生素A、维生素D、铁、钙等营养成分，其中含有的维生素D，能够促进体内钙的吸收，预防软骨病及缺铁性贫血。

长高食谱

枣泥肝羹

◗ 原料：

西红柿55克，红枣25克，猪肝120克

◗ 调料：

盐2克，食用油适量

◗ 做法：

1.开水锅中烫煮洗好的西红柿，捞出，放凉，剥去表皮，切成小块。

2.红枣切开，去核，切条形，剁碎；猪肝切小块。

3.用榨汁机的"绞肉"功能将猪肝搅成泥，装入蒸碗中；倒入西红柿、红枣，加盐、食用油。

4.拌匀，腌渍10分钟至其入味，备用。

5.蒸锅上火烧开，放入蒸碗；中火蒸约15分钟至熟，取出，待稍微凉后装碗。

专家点评

红枣及猪肝都是含锌丰富的食物，锌能促进蛋白质和核酸的代谢，具有辅助骨骼生长、增强幼儿免疫力、防止幼儿智力发育迟缓等作用。

山楂

『最佳烹调法』
煮、蒸、炒

▶营养成分：含有糖类、膳食纤维、钙、铁、钾、磷、镁、胡萝卜素、维生素C、黄酮类化合物、槲皮素等。

增高功效

山楂含钙较高，儿童食用后，一方面，能刺激食欲，有助于儿童均衡饮食，保持骨和血钙的恒定；另一方面，可改善睡眠，促进生长激素的分泌。

营养分析

山楂是药食两用的食材，能开胃消食，特别是对减少肉食积滞有益，可帮助儿童摄入足够多的营养。山楂中的某些特殊成分，能平喘化痰、抑制细菌，减少儿童肠道感染或感冒的发生。

温馨提示

1.生山楂要慎吃。生山楂中所含的鞣酸易在胃中凝结形成胃石，很难消化。如果胃石长时间消化不掉就会引起胃溃疡、胃出血甚至胃穿孔。

2.山楂味酸，处在换牙期的儿童不宜多食山楂及山楂制品，否则会影响牙齿发育。

搭配宜忌

 ✓山楂+西芹 消食、通便

 ✓山楂+枸杞 补肝益肾

 ✗山楂+胡萝卜 破坏维生素C

 ✗山楂+柠檬 影响消化

长高食谱

南瓜西红柿山楂煲瘦肉汤

◑ 原料：

猪肉丁60克，南瓜30克，土豆30克，西红柿20克，玉米40克，山楂15克，沙参5克

◑ 调料：

盐2克

◑ 做法：

1.开水锅中放入猪肉丁，汆去血水。

2.捞出汆好的猪肉，备用。

3.砂锅中注入适量清水烧开，放入汆过水的猪肉，倒入切好的南瓜、土豆、西红柿、玉米、山楂、沙参，拌匀。

4.烧开后转中火煮约2小时至食材熟透。

5.揭盖，放入少许盐，拌匀调味。

6.关火后盛出煮好的汤料，装入备好的碗中即可。

专家点评

　　猪肉有滋养脏腑、益气养胃等功效；南瓜富含胡萝卜素及锌，不仅对儿童的视力发育有益，而且还能缓解儿童厌食、异食。故此道膳食可促进儿童生长发育。

麦芽山楂鸡蛋羹

◑ 原料：

麦芽25克，山楂55克，淮山30克，鸡蛋2个

◑ 做法：

1.洗净的山楂切去头尾，再切开，去核，备用。

2.砂锅中注入适量清水烧热，倒入备好的麦芽、山楂、淮山。

3.烧开后用小火煮约20分钟至其析出有效成分；盛出药汁，滤入碗中，待用。

4.将鸡蛋打入碗中，打散调匀；倒入药汁，搅拌均匀；取一蒸碗，倒入拌好的鸡蛋液，备用。

5.蒸锅上火烧开，放入蒸碗；盖上盖，用中火蒸约10分钟至食材熟透；取出蒸碗，待稍微放凉后即可食用。

专家点评

　　麦芽与山楂搭配食用，能开胃消食。鸡蛋黄中含有的钙、磷是构成骨骼的基本元素，而含有的维生素D能促进钙吸收，常食此羹能增高助长。

草莓

『最佳烹调法』
鲜食、榨

▶营养成分：含果糖、蔗糖、蛋白质、柠檬酸、苹果酸、水杨酸、钙、磷、铁、钾、锌、铬、维生素E、维生素C、胡萝卜素等。

增高功效

草莓富含的维生素C，含量比葡萄、苹果高10倍。儿童食用草莓，有助于骨胶原物质的形成。若发育期的儿童缺乏维生素C，则会抑制儿童生长。

营养分析

草莓具有润肺止咳、健脾和胃、滋养补血、健脑益智的功效，长期食用，会使大脑更加敏锐。草莓中的果胶和纤维素含量丰富，能促进胃肠蠕动、帮助消化，使儿童摄入更充足的营养。

温馨提示

1.挑选草莓时，注意不要购买畸形草莓，因为这种草莓在种植过程中使用了大量激素，会影响儿童发育。

2.清洗草莓时，注意不要将草莓蒂摘掉，去蒂的草莓放在水中浸泡，残留的农药会随水进入果实内部，污染果肉。

搭配宜忌

 ✅ 草莓+牛奶　有利于吸收维生素B$_{12}$

 ✅ 草莓+黄桃　富含胡萝卜素

 ✅ 草莓+银耳　润肺止咳

 ❌ 草莓+樱桃　容易上火

长高食谱

专家点评

草莓含有果糖、柠檬酸、胡萝卜素、钙、磷、铁等营养成分，具有促进生长发育、开胃消食等功效，搭配香蕉及酸奶食用，还能缓解小儿便秘。

草莓香蕉奶糊

原料：

草莓80克，香蕉100克，酸奶100克

做法：

1.将洗净的香蕉切去头尾，剥去果皮，切成条，改切成丁。

2.洗好的草莓去蒂，对半切开，备用。

3.取榨汁机，选择搅拌刀座组合，倒入切好的草莓、香蕉。

4.加入适量酸奶，盖上盖。

5.选择"榨汁"功能，榨取果汁。

6.断电后揭开盖，将榨好的果汁奶糊装入杯中即成。

长高食谱

专家点评

此道膳食中添加的牛奶及奶酪都是含钙极高的食物，且含有的维生素D及乳糖还能促进钙吸收，故此道膳食对辅助儿童长高、促进消化等有益。

草莓土豆泥

原料：

草莓35克，土豆170克，牛奶50毫升

调料：

黄油、奶酪各适量

做法：

1.将洗净去皮的土豆切成块，再切成薄片，装入盘中。

2.洗好的草莓去蒂，剁成泥，备用。

3.蒸锅注水烧开，放入准备好的土豆片；在土豆片上放入少许黄油。

4.用中火蒸10分钟，取出蒸好的食材，放凉待用；把土豆片倒入备好的碗中，捣成泥状。

5.放入适量奶酪，搅匀，注入少许牛奶，盛出，点缀上草莓泥即成。

海带

『最佳烹调法』
煮、拌

▶营养成分：海带含蛋白质、多不饱和脂肪酸、碘、钾、钙、镁、铁、维生素A、B族维生素、维生素C、维生素P、藻胶酸、昆布素等。

增高功效

海带含有骨骼发育的原材料——钙，能使骨质钙化。此外，海带还富含碘元素。碘对甲状腺激素的合成有重要作用，可促进骨及软骨细胞的生长。

营养分析

海带是热量低的食物，含丰富的甘露醇，有利尿消肿的作用，且含有的膳食纤维还能促进胃肠蠕动，有助于体内废物的排泄，能预防儿童肥胖。常食海带，还能预防"粗脖子病"。

温馨提示

1.挑选海带时，宜选择表面有白色粉末状物质的，此物质大多为碘和甘露醇。另外，叶片宽厚或紫中微黄的也较好。

2.制作海带时，应先将海带洗净，再浸泡，然后将浸泡的水和海带一起下锅做汤食用，这样可避免溶于水的营养素流失。

搭配宜忌

✔ 海带+豆腐 补充碘

✔ 海带+生菜 促进铁的吸收

✔ 海带+芝麻 改善血液循环

✘ 海带+猪血 引起便秘

淡菜海带排骨汤

原料：

排骨段260克，水发海带丝150克，淡菜40克，姜片、葱段各少许

调料：

盐、鸡粉各2克，胡椒粉少许，料酒7毫升

做法：

1.锅中注水烧开，放排骨段，拌匀；淋入料酒，用大火略煮一会儿；氽去血水，捞出。

2.砂锅中注水烧热，倒入氽过水的排骨段；撒上姜片、葱段，倒入洗净的淡菜；放入洗好的海带丝，淋入料酒。

3.烧开后用小火煮约50分钟至食材熟透。

4.加入少许盐、鸡粉，撒上适量胡椒粉，拌匀，煮至汤汁入味，装盘。

专家点评

此道膳食含有丰富的钙、磷酸钙、骨胶原、骨黏蛋白等营养成分，能及时补充人体所必需的骨胶原等，增强骨髓造血功能，有助于骨骼的生长发育。

芝麻双丝海带

原料：

水发海带85克，青椒45克，红椒25克，姜丝、葱丝、熟白芝麻各少许

调料：

盐、鸡粉各2克，生抽4毫升，陈醋7毫升，辣椒油6毫升，芝麻油5毫升

做法：

1.红椒、青椒切开，去籽，再切细丝；海带切细丝，再切长段。

2.开水锅中倒入海带拌匀，煮至断生。

3.放入青椒、红椒，拌匀，略煮；捞出，沥干；大碗中倒入焯过水的材料。

4.放入姜丝、葱丝，拌匀；加入盐、鸡粉、生抽、陈醋、辣椒油、芝麻油，拌匀；撒上熟白芝麻，拌匀，装盘。

专家点评

芝麻及海带都是含钙较高的食物，且含有不饱和脂肪酸、甘露醇、维生素B_1等营养成分，具有辅助骨骼生长、增强免疫力、促进大脑发育等功效。

紫菜

『最佳烹调法』
煮、拌

▶营养成分：富含蛋白质、多不饱和脂肪酸、维生素A、维生素C、维生素B₁、维生素B₂、碘、硒、钙、铁、磷、锌、锰、铜、钾等。

增高功效

紫菜的含钙量非常丰富，每100克紫菜含有264毫克的钙，能减缓骨骼的成熟。婴儿期或青春期食用紫菜对促进骨骼生长发育的效果尤为明显。

营养分析

紫菜的铁和维生素B_{12}含量较高，能提供造血所必需的原料，防治儿童缺铁性贫血。紫菜含有的锌元素，能促进儿童智力发育，提高记忆力和学习能力。此外，紫菜含有的维生素A能保护儿童视力。

温馨提示

1.挑选紫菜时，应选用表面光滑滋润，紫褐色或紫红色，片薄，大小均匀及有紫菜特有的清香的。

2.紫菜食用前，应先在清水中泡发，并换1~2次水以清除污染物或毒素。

3.紫菜除了可以做汤食用外，还可凉拌、炒食。

搭配宜忌

 ✓ 紫菜+海带　降脂减肥

 ✓ 紫菜+紫甘蓝　提供更多的营养

 ✓ 紫菜+白萝卜　清肺热、治咳嗽

 ✗ 紫菜+柿子　影响钙的吸收

长高食谱

专家点评

紫菜含钙丰富，草鱼富含不饱和脂肪酸，能促进血液循环，可将紫菜中的钙质顺利输送到骨骼中，增加骨骼营养，加速骨细胞和骨骼的增长。

紫菜鱼片粥

⚫ 原料：

水发大米180克，草鱼片80克，水发紫菜60克，姜丝、葱花各少许

⚫ 调料：

盐、鸡粉各3克，胡椒粉少许，料酒3毫升，水淀粉、食用油各适量

⚫ 做法：

1.草鱼片加盐、鸡粉、料酒，用水淀粉拌匀上浆，淋入食用油，腌渍约10分钟。

2.砂锅中注水烧开，倒入大米，搅匀。

3.煮至米粒变软；倒入紫菜，撒上姜丝，搅匀；放入盐、鸡粉、胡椒粉，拌匀调味；倒入鱼肉片，搅匀，大火煮熟。

4.盛出煮好的食材，装入汤碗中，撒上葱花即成。

长高食谱

专家点评

紫菜含钙高，是儿童补钙的佳品，而鸡蛋中的维生素D能促进钙的吸收。故此道膳食能为生长发育高峰期的儿童储备充足的钙质。

紫菜莴笋鸡蛋汤

⚫ 原料：

莴笋180克，水发紫菜120克，鸡蛋50克，葱花少许

⚫ 调料：

盐、鸡粉各2克,胡椒粉、食用油各适量

⚫ 做法：

1.鸡蛋打散，调成蛋液，待用。

2.将洗净去皮的莴笋切开，斜刀切段，再切成薄片。

3.开水锅中，加入少许盐、食用油、鸡粉；倒入莴笋片，再撒上少许胡椒粉。

4.用中火煮约2分钟，至莴笋八成熟；放入紫菜，搅匀，煮沸，再倒入蛋液。

5.边倒边搅拌，煮至液面浮现蛋花；盛出煮好的鸡蛋汤，撒上葱花即成。

银耳

『最佳烹调法』
煮、炒、煲

▶营养成分：含蛋白质、脂肪、糖类、膳食纤维、维生素A、胡萝卜素、烟酸、维生素D、海藻糖、铁、磷、钙、钾等。

增高功效

儿童缺乏维生素A，会导致骨短粗并压迫经过骨管的神经，而银耳中的维生素A则可较好地弥补这一现象。此外，银耳中的锌还能防止儿童发育迟缓。

营养分析

银耳具有较强的滋补作用，儿童食用，能补脾开胃、益气清肠、安眠健胃、补脑养神。银耳富含膳食纤维，能促进胃肠蠕动，减少脂肪在体内的堆积，预防儿童肥胖。银耳含有的铁可预防儿童缺铁性贫血。

温馨提示

1.挑选银耳时须注意，优质银耳应是朵大体松，肉质肥厚，坚韧而有弹性，蒂小、无根、无黑点、无杂质的，且颜色过白的银耳不要购买。

2.夏天食用银耳时，将煮好的银耳放入冰箱冰镇后再食用，味道更好。

搭配宜忌

 ✅ 银耳+鸭蛋　滋肾补脑

 ✅ 银耳+山药　滋阴润肺

 ✅ 银耳+梨　润肺止咳

 ❌ 银耳+菠菜　消化不良

长高食谱

专家点评

冬瓜中含有胡萝卜素，在体内转化成维生素A，有益于骨骼及牙齿的生长，搭配猪瘦肉及银耳食用，还能促进血液循环、增强幼儿体质。

冬瓜银耳煲瘦肉

原料：

瘦肉100克，冬瓜块100克，水发银耳100克，薏米10克，茯苓5克，沙参5克，百合10克，玉竹5克，杏仁3克，高汤600毫升

调料：

盐2克

做法：

1.锅中注水烧开，放入洗净切块的瘦肉，汆去血水，捞出，过冷水，装盘。

2.砂锅中注入高汤烧热，倒入汆过水的瘦肉，放入切碎的银耳和切块的冬瓜。

3.放入薏米、茯苓、沙参、百合、玉竹、杏仁，搅匀，烧开后转小火煲1~3小时至食材熟透。

4.加少许盐调味，拌煮片刻，装碗。

长高食谱

专家点评

雪梨中含有的多种维生素、矿物质和糖类能促进血液循环和钙质输送，搭配枸杞及银耳食用，能维持骨骼的正常发育、保护视力。

银耳枸杞雪梨汤

原料：

水发银耳50克，枸杞5克，雪梨50克

调料：

冰糖适量

做法：

1.锅中注入适量的清水烧开。

2.将泡发切好的银耳倒入锅中，加入切好的雪梨。

3.搅拌片刻，盖上锅盖，烧开后转中火煮20分钟至食材熟软。

4.倒入备好的冰糖，搅拌片刻使其全部溶化。

5.将少许枸杞倒入锅中，搅拌均匀。

6.把煮好的甜汤盛出，装入碗中，待稍微放凉即可饮用。

木耳

『最佳烹调法』
煮、炒、拌

▶ 营养成分：含蛋白质、糖类、膳食纤维、钾、钙、磷、镁、锌、铁、硒、胡萝卜素、维生素B_1、维生素B_2、烟酸、维生素E等。

增高功效

木耳是含钙较高的菌菇类食物，能促进骨骼钙化，使软骨细胞不断生长，加速骨松质的构建，进而加快长骨的生长，适合长高儿童食用。

营养分析

木耳有补气、滋阴、活血、通便等功效，能帮助消化系统将无法消化的异物溶解，防治小儿疳积，预防儿童贫血。其含有的蛋白质、维生素和矿物质是儿童生长发育所必需的，有助于各组织器官的发育。

温馨提示

1.购买木耳时，宜选用干木耳。因为，鲜木耳中含有一种卟啉的光感物质，食用后会引起皮肤瘙痒。

2.优质黑木耳正反两面的色泽不同，正面应为灰黑色或灰褐色，反面应为黑色或黑褐色。

3.黑木耳可用盐水清洗，但浸泡时间不宜过长，以免造成营养物质的流失。

搭配宜忌

 ✔ 木耳+海蜇　润肠美肤

 ✔ 木耳+卷心菜　健胃、补脑、强身

 ✔ 木耳+猪血　增强体质

 ✘ 木耳+萝卜　引发皮炎

长高食谱

专家点评

　　木耳的含钙量及含铁量都较为丰富，不仅能促进幼儿的骨骼生长，还能预防幼儿缺铁性贫血；搭配黄瓜食用，具有健脑安神、增高助长等功效。

黄瓜炒木耳

◑原料：

黄瓜180克，水发木耳100克，胡萝卜40克，姜片、蒜末、葱段各少许

◑调料：

盐、鸡粉、白糖各2克，水淀粉10毫升，食用油适量

◑做法：

1.洗好去皮的胡萝卜切段，再切成片。

2.洗净的黄瓜切开，去瓤，用斜刀切段，备用。

3.用油起锅，倒入姜片、蒜末、葱段；放入胡萝卜，炒匀，倒入洗好的木耳，翻炒均匀。

4.加入黄瓜；加盐、鸡粉、白糖，炒匀调味；倒入水淀粉，炒匀，盛出。

长高食谱

专家点评

　　黑木耳含有蛋白质、多糖、维生素K、钙、磷、铁及磷脂、烟酸等营养成分，能促进血液循环，使输送到骨骼中的营养素增加，促进骨骼增长。

山药木耳炒核桃仁

◑原料：

山药90克，水发木耳40克，西芹50克，彩椒60克，核桃仁30克，白芝麻少许

◑调料：

盐3克，白糖10克，生抽3毫升，水淀粉4毫升，食用油适量

◑做法：

1.去皮山药切片，木耳、彩椒、西芹切小块；开水锅中加盐、食用油，焯煮山药。

2.再焯煮木耳、西芹、彩椒，捞出沥干；用油起锅，核桃仁炸出香味。

3.油锅中加白糖，与核桃仁炒匀，盛出，撒上白芝麻；油锅中倒入焯过水的食材。

4.加盐、生抽、白糖，水淀粉，炒匀，装盘，放上核桃仁即可。

鸭肉

『最佳烹调法』
煮、炖、烧、煲、烤

▶营养成分：含有蛋白质、脂肪、B族维生素、维生素E、维生素A、硫胺素、烟酸、核黄素以及钙、铁、锌、磷、镁等矿物质元素。

增高功效

鸭肉含丰富的蛋白质，是儿童骨骼发育和肌肉增强的必需营养素。儿童食用鸭肉，能减缓骨骼的成熟，有助于体格和运动机能的发育。

营养分析

鸭肉性寒，味甘，入肺、胃、肾经，有大补虚劳、滋五脏之阴、清虚劳之热、补血行水、养胃生津、止咳止惊和清热健脾的功效，可用于防治小儿肺热咳嗽。鸭肉中的不饱和脂肪酸，能促进儿童的大脑发育。

温馨提示

1.选购鸭肉时，可观察其颜色，若体表光滑，呈乳白色，切开后呈玫瑰色，说明是优质鸭。若鸭皮表面渗出油脂，切面为暗红色，说明鸭肉较差。鉴别注水鸭，可用手轻拍，如果有"波波"的声音，则是注水鸭。

2.鸭肉可以制成炖鸭，还可将其制成烤鸭、板鸭等。烹调鸭肉时，加入少量的盐会使肉汤更加鲜美。

搭配宜忌

 ✔鸭肉+山药 补阴养肺

 ✔鸭肉+干贝 提供丰富的蛋白质

 ✔鸭肉+酸菜 利尿消肿

 ✘鸭肉+大蒜 引起中毒

彩椒黄瓜炒鸭肉

原料：

鸭肉180克，黄瓜90克，彩椒30克，姜片、葱段各少许

调料：

生抽5毫升，盐2克，鸡粉2克，水淀粉8毫升，料酒、食用油各适量

做法：

1. 彩椒切小块；黄瓜切块；鸭肉去皮，再切丁；鸭肉淋入生抽、料酒；再加水淀粉，腌渍约15分钟，至其入味。

2. 用油起锅，放入姜片、葱段，爆香；倒入鸭肉，炒至变色；加入料酒、彩椒，炒匀；倒入切好的黄瓜，翻炒均匀。

3. 加盐、鸡粉、生抽、水淀粉；炒至食材入味；盛出炒好的菜肴，装盘即可。

专家点评

鸭肉含丰富的蛋白质及不饱和脂肪酸，是儿童骨骼发育和肌肉增强的必需营养素；搭配黄瓜食用，还有滋阴养胃、减肥瘦身的作用。

红枣薏米鸭肉汤

原料：

薏米100克，红枣、葱花各少许，鸭肉块300克，高汤适量

调料：

盐2克

做法：

1. 锅中注水烧开，放入洗净的鸭肉，煮2分钟，搅匀，去血水，捞出后过冷水。

2. 锅中注入高汤烧开，加入鸭肉、薏米、红枣，拌匀；调至大火，煮开后调至中火，炖3小时至食材熟透。

3. 揭开锅盖，加入适量盐；搅拌均匀，至食材入味。

4. 将煮好的汤料盛出，装入碗中，撒上葱花即可。

专家点评

红枣有益气补血、健脾养胃、安神清心的功效，是儿童成长的优良补养品，而儿童常食鸭肉，能延缓骨骺线闭合的时间，辅助其长高，故此道膳食可多食。

鸽子肉

『最佳烹调法』
煮、炖、煲

▶营养成分：含蛋白质、脂肪、维生素A、维生素B₁、维生素B₂、维生素E、烟酸、锌、镁、胡萝卜素、铁、钙、碘、磷、硒、钾等。

增高功效

鸽肉营养丰富而全面，能为骨骼发育提供丰富的营养和热量，预防骨骺线的提前闭合，使上下肢的长骨正常生长，减少儿童身材矮小的发生。

营养分析

鸽肉是较好的滋补食物，俗称"甜血动物"，可增强造血功能，缺铁儿童食用后有助于恢复健康。鸽肉中的蛋白质含量高，且符合儿童的咀嚼特点，消化吸收率高，能为各组织器官的发育供给营养。

温馨提示

1.鸽肉较容易变质，购买后应马上放进冰箱。

2.鸽肉四季均可食用，但春、夏初时最为肥美。

3.鸽肉鲜嫩味美，可做粥，可炖、烤、炸，可做小吃等，但清蒸或煲汤能最大限度地保存其营养成分。烹调鸽子的配料不能少了蜂蜜、甜面酱；用金银花熬煮鸽子汤时，可适当放些枸杞，来中和其苦味。

搭配宜忌

 ✅ 鸽+猪肉　增强免疫力

 ✅ 鸽+枸杞　养肝明目

 ❌ 鸽+猪肝　致皮肤色素沉淀

 ❌ 鸽+黑木耳　面部生黑斑

长高食谱

桑葚薏米炖乳鸽

◖**原料：**

乳鸽400克，水发薏米70克，桑葚干20克，姜片、葱花各少许

◖**调料：**

料酒20毫升，盐2克，鸡粉2克

◖**做法：**

1.开水锅中放入洗净的乳鸽，倒入料酒，煮沸，汆去血水；将汆煮好的乳鸽捞出，沥干水分，待用。

2.砂锅中注入适量清水烧开，倒入汆过水的乳鸽，放入洗净的薏米、桑葚干。

3.加入姜片，淋入少许料酒，烧开后用小火炖40分钟，至食材软烂。

4.撇去汤中浮沫；放入盐、鸡粉；搅匀，至食材入味；盛出，装碗，撒上葱花即可。

专家点评

　　鸽子肉中含有较多的支链氨基酸和精氨酸，可促进体内蛋白质的合成，维持机体正常的生长发育；搭配桑葚及薏米食用，还有促进血液循环的作用。

长高食谱

菌菇鸽子汤

◖**原料：**

鸽子肉400克，蟹味菇80克，香菇75克，姜片、葱段各少许

◖**调料：**

盐、鸡粉各2克，料酒8毫升

◖**做法：**

1.鸽子肉斩成小块；锅中注水烧开。

2.倒入鸽肉块，淋入料酒提味，煮约半分钟；汆去血渍，捞出，沥干。

3.砂锅中注水烧开；倒入鸽肉，撒上姜片，淋入料酒；烧开后炖煮约20分钟，至肉质变软，倒入蟹味菇、香菇，搅拌匀。

4.小火续煮至食材熟透，加入鸡粉、盐，拌匀调味；续煮片刻。

5.装入汤碗中，撒上葱段即成。

专家点评

　　鸽子肉含有蛋白质、维生素E及有造血作用的铁元素，能调补气血、提高机体免疫力。搭配含有维生素D的香菇食用，对促进幼儿生长发育有益。

鸡肉

『最佳烹调法』
煮、炖、炒

►营养成分：富含蛋白质、脂肪、糖类、维生素A、维生素B₁、维生素B₂、烟酸、生物素、维生素C、维生素E、钙、磷、钾、铁等。

增高功效

鸡肉有活血脉、强筋骨的作用，儿童食用能很好地促进骨骼的生长和运动机能的发育；可增强免疫力，减少疾病对身高生长的抑制作用。

营养分析

鸡肉性平、温，味甘，入脾、胃经，可益气、添髓，缓解由于肾精不足所导致的儿童小便频繁、听力不佳等症状。鸡肉对改善心脑功能、促进儿童智力发育也有较好的作用。

温馨提示

1.新鲜的鸡肉纤维紧密排列、颜色粉红而有光泽，皮呈米色、有光泽和张力，毛囊突出。不要挑选肉和皮的表面比较干，或者含水较多的鸡肉。

2.鸡肉内含有谷氨酸钠，烹调鲜鸡时只需放油、精盐、葱、姜等，味道就很鲜美。如果再放入花椒等厚味的调料，反而会把鸡的鲜味驱走或掩盖。

搭配宜忌

 ✅ 鸡肉+冬瓜　清热利尿

 ✅ 鸡肉+豇豆　增进食欲

✅ 鸡肉+茶树菇　促进蛋白质的吸收

 ❌ 鸡肉+鲍鱼　影响消化

长高食谱

茶树菇腐竹炖鸡肉

原料：

光鸡400克，茶树菇100克，腐竹60克，姜片、蒜末、葱段各少许

调料：

豆瓣酱6克，盐3克，鸡粉2克，料酒、生抽各5毫升，水淀粉、食用油各适量

做法：

1.光鸡斩成小块，茶树菇切段；热水锅中，汆煮鸡块，掠去浮沫，捞出，沥干。
2.将腐竹炸至呈虎皮状，捞出后浸入水中泡软；用油起锅，放入姜、蒜、葱段。
3.倒入鸡块，炒至断生；淋入料酒。
4.放入生抽、豆瓣酱，加盐、鸡粉，注入清水，倒入腐竹，翻炒匀，煮熟后倒入茶树菇，熟软后用水淀粉勾芡，装盘。

专家点评

　　茶树菇含有多种氨基酸、糖类等营养成分，能补充发育期儿童所需的营养，腐竹中也含有较多的优质蛋白，有促进生长激素分泌的作用。

长高食谱

豌豆鸡肉稀饭

原料：

豌豆25克，鸡胸肉50克，菠菜60克，胡萝卜45克，软饭180克

调料：

盐2克

做法：

1.汤锅注水烧开，放入鸡胸肉、豌豆；用小火煮5分钟，焯煮菠菜，捞出。
2.菠菜剁成末；豌豆剁碎，放入木臼中捣碎，鸡胸肉剁成末，胡萝卜切粒。
3.汤锅中注水烧开，倒入软饭，搅散。
4.烧开后转小火煮至其软烂，倒入胡萝卜，煮熟；倒入鸡胸肉、豌豆、菠菜。
5.略煮，加盐，拌匀，煮至食材入味。
6.把煮好的稀饭盛入碗中即可。

专家点评

　　鸡肉含有优质蛋白，有助于儿童生长发育。鲜豌豆富含胡萝卜素、维生素C，能清肠，很适宜便秘的儿童食用。另外，豌豆还可以使儿童的皮肤柔润光滑。

兔肉

『最佳烹调法』
煮、炖、煲、烧

▶营养成分：含蛋白质、脂肪、糖类、维生素A、维生素B$_1$、维生素B$_2$、烟酸、维生素E、钙、磷、钾、镁、铁、锌等。

增高功效

营养不良是造成儿童身材矮小的主要原因。兔肉富含多种营养元素，是高蛋白、低脂肪的食物，且肉质细嫩，对气血不足或营养不良的儿童有食疗作用。

营养分析

兔肉中含有多种维生素和8种人体必需的氨基酸，含有较多人体最易缺乏的赖氨酸、色氨酸，常食兔肉能防止有害物质沉积，让儿童健康成长。兔肉富含大脑发育不可缺少的卵磷脂，有健脑益智的功效。

温馨提示

1.兔肉宜选用肌肉呈均匀红色，脂肪洁白的。

2.兔肉肉质细嫩，肉中几乎没有筋络；兔肉必须顺着纤维纹路切，这样加热后，才能保持整齐美观。

3.兔肉可红烧、粉蒸、炖汤，如兔肉烧红薯、椒麻兔肉、粉蒸兔肉、麻辣兔片、鲜熘兔丝和兔肉圆子双菇汤等。

搭配宜忌

 ✅ 兔肉+西蓝花　和胃、补脾

 ✅ 兔肉+香菇　补虚、健脾

 ❌ 兔肉+小白菜　引起腹泻、呕吐

 ❌ 兔肉+芹菜　易致脱水

长高
食谱

专家点评

兔肉含丰富的优质蛋白、维生素和矿物质，能为成骨细胞和软骨细胞的发育提供所需的营养。本品味鲜肉美，适合生长发育期的儿童食用。

红焖兔肉

◗原料：

兔肉块350克，香菜15克，姜片、八角、葱段、花椒各少许

◗调料：

柱候酱10克，花生酱12克，老抽2毫升，生抽6毫升，料酒4毫升，鸡粉2克，食用油适量

◗做法：

1.用油起锅，倒入兔肉块，炒至变色；放入姜片、八角、葱段、花椒，炒香。

2.加入柱候酱、花生酱，炒匀；淋入老抽、生抽，炒匀上色；淋入料酒，注入清水；烧开后用小火焖至兔肉熟透。

3.加鸡粉拌匀，收汁，拣出八角、姜、葱；放香菜梗，软后盛出，撒上香菜叶即可。

心 长高
食谱

专家点评

兔肉搭配萝卜，清香浓郁、营养可口，能增强儿童食欲，促进营养素的吸收利用，减少营养不良造成的身材矮小。常食白萝卜还可预防儿童肥胖。

兔肉萝卜煲

◗原料：

兔肉500克，白萝卜500克，香叶、八角、草果、姜片、葱段各少许

◗调料：

盐2克，料酒10毫升，生抽10毫升

◗做法：

1.去皮的白萝卜切小块；开水锅中，倒入洗净的兔肉，去血水，捞出，沥干。

2.用油起锅，放入姜、葱，爆香，倒入兔肉，炒匀；放入香叶、八角、草果，淋入料酒，倒入生抽，略炒片刻。

3.加适量清水，煮沸；放入白萝卜，炒匀；用小火焖15分钟，至食材熟透。

4.将锅中的食材转到砂锅中，放盐，搅匀入味，用大火加热，放入葱段即可。

猪肉

『最佳烹调法』
煮、炒、炖

▶营养成分：含蛋白质、脂肪、糖类、胆固醇、维生素A、维生素B_1、维生素B_2、烟酸、维生素C、维生素E、钙、铁、锌、磷等。

增高功效

猪肉除含有较多促进儿童生长的蛋白质和维生素外，还含有较多的维生素D，能促进机体对钙、磷的吸收，有助于儿童的骨骼成长。

营养分析

猪肉可为机体提供优质蛋白和必需的脂肪酸，能促进儿童的大脑发育。猪肉含有血红素铁和促进铁吸收的半胱氨酸，能改善儿童缺铁性贫血。猪肉煮汤食用可急补由于津液不足引起的小儿干咳、便秘。

温馨提示

1.新鲜猪肉的特点：脂肪白而硬，肉的外面有一层稍带干燥的膜，手指压后凹陷处立即复原。

2.猪肉应斜切，猪肉的肉质比较细、筋少，如横切，炒熟后会变得凌乱散碎，斜切则不易破碎。

3.猪肉烹调前不宜用热水清洗，以免影响口感。

搭配宜忌

✅ 猪肉+白菜　补充营养

✅ 猪肉+藕　健胃壮体

✅ 猪肉+冬笋　补肝肾

❌ 猪肉+黄豆　引起腹胀

长高食谱

西芹炒肉丝

◑原料：

猪肉240克，西芹90克，彩椒20克，胡萝卜片少许

◑调料：

盐3克，鸡粉2克，水淀粉9毫升，料酒3毫升，食用油适量

◑做法：

1.胡萝卜片切条形，彩椒去籽切丝，西芹切粗条，猪肉切丝。

2.肉丝加盐、料酒、水淀粉、食用油，拌匀，腌渍约10分钟至其入味。

3.开水锅中加入食用油、盐；焯煮胡萝卜、西芹、彩椒至断生，捞出，沥干。

4.油锅中将肉丝炒至变色，倒入食材，加盐、鸡粉、水淀粉，炒匀，装盘。

专家点评

　　猪肉富含维生素D，有助于钙、磷的正常吸收，使骨骼正常生长。西芹含有多种维生素、矿物质，具有平肝清热、利湿、健胃、利尿等功效。

长高食谱

香菇白菜瘦肉汤

◑原料：

水发香菇60克，大白菜120克，猪瘦肉100克，姜片、葱花各少许

◑调料：

盐3克，鸡粉3克，水淀粉、料酒、食用油各适量

◑做法：

1.大白菜切成小块，香菇、猪瘦肉切成片；肉片加盐、鸡粉、水淀粉，抓匀；注入食用油，腌渍10分钟至入味。

2.用油起锅，放入姜片，爆香；倒入香菇、大白菜，炒匀，淋料酒，炒香。

3.倒入适量清水，搅匀，煮沸，加盐、鸡粉，拌匀调味；倒入肉片，搅散。

4.用大火煮沸，盛出，放入葱花即可。

专家点评

　　香菇是低脂肪、多氨基酸和维生素的菌类食物，大白菜中富含维生素C。此道膳食有促进人体新陈代谢的功效，常食有利于儿童身高增长。

牛肉

『最佳烹调法』
煮、炖、炒

▶营养成分：含蛋白质、脂肪、糖类、维生素A、维生素E、烟酸、维生素B$_1$、维生素B$_2$、钙、磷、铁、肌醇、牛磺酸、氨基酸等。

增高功效

牛肉中的肌氨酸含量比其他任何食物都高，因而它对增长肌肉、增强力量特别有效，适合想长高的儿童食用。

营养分析

牛肉含有维生素B$_6$，可增强免疫力，促进蛋白质的新陈代谢和合成，从而有助于运动后体力的恢复。牛肉中脂肪含量很低，但却富含亚油酸，有利于儿童的智力发育。牛肉中所含的锌、镁、铁，是有助于合成蛋白质、促进肌肉生长的抗氧化剂。

温馨提示

1.选购牛肉时应注意，新鲜牛肉有光泽，红色均匀，脂肪洁白或淡黄色。

2.烹饪时放一个山楂、一块橘皮或一点茶叶，牛肉更易烂。牛肉加红枣炖服，有助肌肉生长和促伤口愈合之功效。

搭配宜忌

 ✔牛肉+芋头　养血补血

 ✔牛肉+香菇　易于消化

 ✔牛肉+南瓜　健胃益气

 ✘牛肉+红糖　引起腹胀

红烧牛肉汤

原料：

牛肉块350克，胡萝卜70克，洋葱40克，奶油15克，姜片20克，葱条10克，桂皮、八角、草果、丁香、花椒、干辣椒各少许

调料：

盐2克，料酒6毫升

做法：

1. 洋葱切小块，胡萝卜切滚刀块；开水锅中，焯煮牛肉，淋入料酒，去浮沫，捞出。
2. 热水锅中倒入桂皮、八角、草果、丁香、花椒、干辣椒、姜片、葱条，倒入牛肉块，加料酒，烧开后用小火炖煮约30分钟。
3. 倒入胡萝卜、洋葱，煮熟；加盐、奶油，拌匀，中火略煮，拣出各式香料，装碗。

专家点评

　　牛肉中营养素种类较多，具有补中益气、滋养脾胃、强健筋骨、养肝明目、增强免疫力等功效。胡萝卜和洋葱也能补充生长发育所需的营养物质。

山楂菠萝炒牛肉

原料： 牛肉片200克，水发山楂片25克，菠萝600克，圆椒少许

调料： 番茄酱、盐、鸡粉、食粉各少许，料酒6毫升，水淀粉、食用油各适量

做法：

1. 牛肉片中加盐、料酒、食粉、水淀粉、食用油，拌匀，腌渍约20分钟；圆椒切小块，菠萝取一半挖空果肉，制成菠萝盅。
2. 菠萝肉切小块；热锅注油，烧至四五成热，倒入牛肉，拌匀，炒至变色。
3. 倒入圆椒，拌匀，捞出，沥干油。
4. 锅底留油烧热，倒入山楂片、菠萝肉，炒匀，挤入适量番茄酱。
5. 倒入滑过油的食材，炒匀，转小火，淋入料酒，加盐、鸡粉、水淀粉；中火炒匀，至食材熟透，盛出，装入菠萝盅即成。

专家点评

　　牛肉富含骨骼发育所需的钙和维生素D，山楂能健胃消食，菠萝含有多种维生素和矿物质，食用本品可使机体保持良好的生长态势，维持增高的趋势。

鸡肝

『最佳烹调法』
炒、烧

▶营养成分：含蛋白质、脂肪、糖类、钙、磷、铁、锌、镁、硒、维生素A、B族维生素、维生素E、维生素D等。

增高功效

动物肝脏是维生素D的主要来源之一，儿童常食鸡肝，能增加细胞外液钙、磷的浓度，有利于骨盐沉着，预防儿童骨折和佝偻病。

营养分析

鸡肝含铁丰富。铁质是产生红细胞必需的元素，一旦缺乏便会感觉疲倦、面色青白，适量进食动物肝脏可使儿童皮肤红润。鸡肝含有丰富的维生素A，有维持正常生长和生殖机能的作用，能保护眼睛，维持正常视力。此外，鸡肝还能增强免疫力。

温馨提示

1.新鲜鸡肝颜色越本色越好，健康的熟鸡肝有淡红色、土黄色，都属于正常的，黑色则是不新鲜的。

2.刚买回的鸡肝不要急于烹调。应把肝放在自来水龙头下冲洗10分钟，然后放在水中浸泡30分钟。

3.烹调鸡肝时，至少应在急火中炒5分钟以上。

搭配宜忌

 ✔ 鸡肝+菠菜 改善贫血

 ✔ 鸡肝+大米 辅助治疗贫血及夜盲症

 ✔ 鸡肝+胡萝卜 补肝明目

 ✘ 鸡肝+芥菜 降低营养价值

专家点评

　　圣女果含有的番茄红素，有促进人体生长发育和增强幼儿免疫力的作用。此粥质嫩味鲜、易于吸收，是防治儿童贫血和补充维生素D的食疗佳品。

鸡肝圣女果米粥

原料：

水发大米100克，圣女果70克，小白菜60克，鸡肝50克

调料：

盐少许

做法：

1.开水锅中，焯煮小白菜，捞出，沥干，剁成末；再焯煮圣女果，捞出、沥干；去表皮，剁成细末。

2.鸡肝放入沸水锅中，小火煮约3分钟，去血渍，熟后捞出，剁成泥。

3.汤锅中注水烧开，倒入大米，煮沸后用小火煮至米粒熟软，倒入圣女果。

4.放入鸡肝泥，加盐，搅匀，略煮。

5.盛出装碗，撒上小白菜末即成。

专家点评

　　鸡肝含有丰富的蛋白质、钙、磷等，对增高极为有利。胡萝卜含有丰富的维生素，可辅助治疗小儿营养不良。两者同食还能提高儿童免疫力。

胡萝卜炒鸡肝

原料：

鸡肝200克，胡萝卜70克，芹菜65克，姜片、蒜末、葱段各少许

调料：

盐、鸡粉、料酒、水淀粉、食用油各适量

做法：

1.芹菜切段，胡萝卜切条，鸡肝切片。

2.鸡肝片加盐、鸡粉、料酒，抓匀，腌渍10分钟至入味；开水锅中，加盐，将胡萝卜条焯煮至八成熟，捞出。

3.把鸡肝片倒入沸水锅中，汆煮至转色，捞出；用油起锅，放入姜、蒜、葱；倒入鸡肝片，拌炒匀，淋入料酒。

4.倒入胡萝卜、芹菜，炒匀；加盐、鸡粉，炒匀；水淀粉勾芡，装盘。

猪肝

『最佳烹调法』
炖、炒、烧

▶营养成分：含蛋白质、多不饱和脂肪酸、脂肪、维生素A、维生素B₁、维生素B₂、维生素B₁₂、维生素C、烟酸、钙、铁、钾、镁、锌等。

增高功效

儿童身高的生长主要是骨骼的增长，而猪肝含有的维生素D，能促进钙质的吸收，使骨骼钙化，预防因钙吸收障碍引起的身材矮小。

营养分析

猪肝中含有丰富的维生素A，能保护眼睛，维持正常视力，防止眼睛干涩、疲劳；猪肝含铁较为丰富，是补血食品中最常用的食物，食用猪肝可调节和改善儿童贫血。猪肝中还具有一般肉类食品不含的维生素C和微量元素硒，能增强人体免疫力。

温馨提示

1.猪肝的选购：新鲜的猪肝呈褐色或紫色，用手按压坚实有弹性，有光泽，无腥臭异味。

2.猪肝的保存：切好的肝一时吃不完，可用豆油将其涂抹，然后放入冰箱内，可延长保鲜期。

3.去异味：猪肝放入牛奶中浸泡几分钟即可。

搭配宜忌

 ✅ 猪肝+青椒 补血

 ✅ 猪肝+芥菜 促进钙的吸收

 ✅ 猪肝+生菜 补充营养

 ❌ 猪肝+绿豆芽 影响营养吸收

长高食谱

专家点评

豆腐含有卵磷脂、铁、钙等营养成分，而卵磷脂具有促进大脑发育、增强儿童学习力的作用，猪肝含有维生素D，两者搭配，有助于钙的充分吸收。

猪肝豆腐汤

原料：

猪肝100克，豆腐150克，葱花、姜片各少许

调料：

盐2克，生粉3克

做法：

1.锅中注入适量清水烧开，倒入洗净切块的豆腐，拌煮至断生。

2.放入已经洗净切好并用生粉腌渍过的猪肝，撒入姜片、葱花，煮至沸。

3.加少许盐，拌匀调味。

4.用小火煮约5分钟，至汤汁收浓。

5.关火后盛出煮好的汤料，装入备好的碗中即可。

长高食谱

专家点评

此菜鲜艳可口、营养美味，儿童常食不仅有利于长骨细胞的发育，还有补血健脾、养肝明目的功效。此外，猪肝还能增强儿童免疫力。

菠菜炒猪肝

原料：

菠菜200克，猪肝180克，红椒10克，姜片、蒜末、葱段各少许

调料：

盐2克，鸡粉3克，料酒7毫升，水淀粉、食用油各适量

做法：

1.菠菜切段，红椒切小块，猪肝切片。

2.将猪肝装入碗中，放盐、鸡粉，加入料酒、水淀粉，抓匀；注入食用油，腌渍10分钟至入味。

3.用油起锅，放入姜、蒜、葱，放入红椒，倒入猪肝，淋入料酒，炒匀。

4.放入菠菜，炒熟，加盐、鸡粉，炒匀调味，倒入适量水淀粉，炒匀，装盘。

鸡蛋

『最佳烹调法』
煮、炒、煎、蒸

▶营养成分：含有蛋白质、核黄素、烟酸、生物素、维生素A和维生素D，且含有较高的铁、磷、硫、钾、钙等。

增高功效

鸡蛋几乎含有人体必需的所有营养物质，常食鸡蛋，能补充骨骼发育所需的蛋白质、维生素和矿物质，有效预防儿童营养不良引起的发育迟缓。

营养分析

鸡蛋对神经系统和身体发育有很大的作用，其中含的胆碱可改善儿童记忆力。鸡蛋中的蛋白质对肝脏组织损伤有修复作用，蛋黄中的卵磷脂可促进肝细胞的再生，增强机体代谢功能和免疫功能。

温馨提示

1.挑选鸡蛋时应选择蛋壳清洁、完整、无光泽，壳上有一层白霜，色泽鲜明的；用手摸蛋的表面粗糙；蛋放手上，轻轻抖动使蛋相互碰击，其声清脆。

2.对消化功能尚未成熟的儿童来说，煮鸡蛋不易消化，蒸蛋羹、蛋花汤较为适合，因为这两种做法能使蛋白质松解，极易被儿童消化吸收。

搭配宜忌

 ✅ 鸡蛋+韭菜　补肾行气

 ✅ 鸡蛋+桂圆　补气养血

 ✅ 鸡蛋+丝瓜　润肺美肤

 ❌ 鸡蛋+菠萝　影响消化

长高食谱

专家点评

鸡蛋是优质营养品，它含有丰富的蛋白质、氨基酸、钙、磷等，对增高非常有利。洋葱有健胃、杀菌的功效。常食木耳可预防儿童缺铁性贫血。

洋葱木耳炒鸡蛋

◐原料：

鸡蛋2个，洋葱45克，水发木耳40克，蒜末、葱段各少许

◐调料：

盐、料酒、水淀粉、食用油各适量

◐做法：

1.洋葱切细丝，木耳切小块；把鸡蛋打入碗中，加盐、水淀粉，打散、调匀。

2.开水锅中加入食用油、盐，焯煮木耳，捞出，沥干；用油起锅，倒入蛋液，翻炒至七成熟；锅底留油，放入蒜末。

3.倒入洋葱丝，翻炒至其变软，放入木耳，炒匀，淋入料酒，加盐，炒匀。

4.倒入炒好的蛋液，炒至食材熟透，撒上葱段，炒匀，水淀粉勾芡，装盘。

长高食谱

专家点评

鸡蛋富含优质蛋白，是骨内有机物的组成物质，有利于骨的生长。芹菜含有膳食纤维、钙、磷、铁等营养成分，具有健胃利血、健脑益智等功效。

酸枣仁芹菜蒸鸡蛋

◐原料：

鸡蛋2个，芹菜40克，酸枣仁粉少许

◐调料：

盐、鸡粉各2克

◐做法：

1.洗好的芹菜切成碎末，备用。

2.把鸡蛋打入碗中，加入盐、鸡粉，搅拌均匀。

3.倒入酸枣仁粉，拌匀。

4.放入芹菜末，搅散，注入适量清水，拌匀，制成蛋液，待用。

5.取一个蒸碗，倒入蛋液，备用。

6.蒸锅上火烧开，放入蒸碗，盖上盖，用中火蒸约8分钟至熟。

7.取出蒸碗，待稍微放凉后即可食用。

酸奶

『最佳烹调法』
拌

▶营养成分：酸奶中含脂肪、磷脂、糖类、蛋白质、乳糖、维生素A、维生素C、维生素E、B族维生素及钙、磷、铁、锌、钼等矿物质。

增高功效

鲜奶中钙含量丰富，经发酵后，钙等矿物质不会发生变化，且发酵后产生的乳酸可有效地提高钙、磷在人体中的利用率，故酸奶是补钙长高的佳品。

营养分析

酸奶含有多种益生菌，能促进食物的消化吸收，维护肠道菌群生态平衡，形成生物屏障，抑制有害菌对肠道的入侵。通过产生大量的短链脂肪酸促进肠道蠕动及菌体大量生长，改变渗透压而防止儿童便秘。

温馨提示

1.正常的酸奶颜色应是微黄色或乳白色，这与牛奶的含脂量高低有关，含脂量越高颜色越发黄。

2.酸奶的保质期短则数日，长的可达20天。由于酸奶不含防腐剂，如果保存条件不好，酸奶中的活体乳酸菌会不断繁殖，酸度不断提高，影响口感。

搭配宜忌

 ✔酸奶+香蕉 促进消化

 ✔酸奶+红枣 补血益气

 ✔酸奶+蓝莓 壮骨，增强免疫力

 ✘酸奶+黄豆 影响钙吸收

长高食谱

专家点评

　　酸奶营养丰富而全面，是儿童补钙的较好食材，有利于骨骼发育。芒果含有糖类、胡萝卜素、维生素C等营养成分，能润肺清热、益胃止呕。

芒果酸奶

原料：

芒果肉70克，酸奶65克

调料：

蜂蜜少许

做法：

1.芒果肉切小块。

2.取榨汁机，选择搅拌刀座组合，倒入切好的芒果肉，加入酸奶。

3.放入备好的蜂蜜，盖好盖子。

4.选择"榨汁"功能，榨成汁。

5.断电后倒出芒果汁，装入杯中即成。

长高食谱

专家点评

　　本品美味鲜香、清爽可口，能增强儿童食欲，增加营养素的摄入，减少营养不良对身高的影响。雪梨有生津润燥的作用，适合长高儿童食用。

哈密瓜雪梨酸奶杯

原料：

雪梨130克，哈密瓜160克，酸奶120克

做法：

1.洗净的哈密瓜去皮，切开，去瓤，将果肉切成块。

2.洗净去皮的雪梨切开，去核，将果肉切成块，备用。

3.将切好的雪梨、哈密瓜装入备好的碗中，摆放好。

4.均匀地淋上适量酸奶即可。

奶酪

『最佳烹调法』
拌

▶营养成分：含有优质蛋白质、有机酸、脂肪、糖类和钙、磷、钠、钾等矿物质元素，以及维生素A、胡萝卜素、烟酸、泛酸、生物素等。

增高功效

奶酪中含有钙、磷、镁等重要矿物质，且钙、磷比例适当，易被人体吸收，而且大部分的钙与酪蛋白结合，吸收利用率很高，对儿童骨骼生长十分有益。

营养分析

奶酪能增进儿童抵抗疾病的能力，促进代谢，增强活力，保护眼睛健康并保持肌肤嫩美。奶酪还有利于维持人体肠道内正常菌群的稳定，防治儿童腹泻。常吃含有奶酪的食物，能增加牙齿表层的含钙量。

温馨提示

1.新鲜乳酪品质较佳，尤其是颜色呈白色者更好，变黄则表示其不新鲜。半硬和硬质奶酪最好选择切口颜色均匀、色泽清晰者。

2.奶酪的储存：切片后的奶酪一般置于密封的容器中冷藏，冷藏温度为1~4℃。

搭配宜忌

 ✓奶酪+芒果 提供热量

 ✓奶酪+西红柿 健胃消食

 ✓奶酪+西葫芦 润肺止咳

 ✗奶酪+菠菜 影响钙的吸收

长高食谱

奶酪蛋卷

◑原料：

鸡蛋2个，西红柿80克，玉米粒45克，牛奶100毫升，奶酪少许

◑调料：

盐2克，番茄酱、食用油各适量

◑做法：

1.奶酪切细丝，再切丁，西红柿去皮，果肉切碎；开水锅中倒入玉米粒，煮至断生，捞出，沥干。

2.大碗中倒入西红柿、玉米粒、奶酪，放入番茄酱，搅匀，制成馅料，待用。

3.鸡蛋打散，加盐、牛奶，搅匀。

4.煎锅中将蛋液煎成蛋饼。

5.放入馅料，铺平摊开，将鸡蛋饼卷成蛋卷，煎至食材熟透，切成小块即可。

专家点评

牛奶和奶酪都含有丰富的钙，能为骨骼发育提供原料。鸡蛋含有蛋白质、卵磷脂、维生素和矿物质等营养成分，具有益智健脑、养心安神、滋阴润燥等功效。

奶酪蔬菜煨虾

◑原料：

奶酪25克，平菇50克，胡萝卜65克，青豆45克，虾仁60克

◑调料：

盐2克，水淀粉、食用油各适量

◑做法：

1.胡萝卜、平菇切粒；开水锅中，倒入青豆，煮至断生，焯煮虾仁，捞出。

2.将虾仁、青豆剁碎；用油起锅，倒入胡萝卜粒、平菇粒，炒出香味。

3.放入虾仁、青豆，拌炒匀，注入适量清水，煮至沸腾。

4.放入奶酪，加少许盐，炒匀。

5.倒入适量水淀粉，勾芡。

6.盛出炒好的食材，装入碗中即可。

专家点评

青豆富含B族维生素、锌、镁，还含有丰富的蛋白质、叶酸、膳食纤维和人体必需的多种氨基酸，能滋补身体、增强免疫力，有助于幼儿长筋骨。

牛奶

『最佳烹调法』
煮、拌

▶营养成分：含脂肪、磷脂、蛋白质、乳糖、维生素A、维生素B₁、维生素B₂、维生素C、维生素E及钙、磷、铁、锌、铜、锰、钼等。

增高功效

牛奶中含有丰富的钙、维生素D，有助于骨细胞的正常生长，促进骨的长高。此外，牛奶还能镇静安神，提高儿童睡眠质量，促进身高生长。

营养分析

牛奶是儿童出生后赖以生存发育的重要食物，它含有适合儿童发育所必需的全部营养素。牛奶中的乳清可使皮肤保持光滑滋润。牛奶可使脑血管在高压下保持稳定，大大提高大脑的工作效率。牛奶还能增强骨骼和牙齿的功能，减少骨骼萎缩病的发生。

温馨提示

1.新鲜乳应呈乳白色或稍带微黄色，呈均匀的流体。判断新鲜与否，可将奶滴入清水中，若化不开，则为新鲜牛奶；若化开，就不是新鲜牛奶。

2.煮牛奶时不要加糖，须待煮热离火后再加；加热时不要煮沸，也不要久煮，否则会破坏营养素。

搭配宜忌

 ✓ 牛奶+木瓜 护肤美白

 ✓ 牛奶+香蕉 提高维生素B₁₂的吸收

 ✓ 牛奶+草莓 补充维生素

 ✗ 牛奶+空心菜 影响钙的吸收

火龙果牛奶

原料：

火龙果肉135克，牛奶120毫升

做法：

1. 火龙果肉切小块。
2. 取榨汁机，选择搅拌刀座组合，倒入火龙果果肉块。
3. 注入适量的纯牛奶，盖好盖子。
4. 选择"榨汁"功能，榨取果汁。
5. 断电后倒出榨好的果汁，装入干净的杯中即成。

专家点评

火龙果含有膳食纤维、维生素C、果糖、葡萄糖、花青素及钙、磷、铁等营养成分，具有美白皮肤、增强血管弹性、降血糖、排毒等功效。

香蕉牛奶饮

原料：

香蕉100克，牛奶100毫升

调料：

蜂蜜25克，白糖少许

做法：

1. 香蕉取果肉切小块。
2. 取榨汁机，选择搅拌刀座组合，倒入切好的香蕉，注入牛奶。
3. 倒入适量纯净水，加入少许白糖，盖好盖子。
4. 选择"榨汁"功能，榨出香蕉汁。
5. 断电后倒出果汁，装入杯中。
6. 加入适量蜂蜜调匀即可。

专家点评

香蕉含有糖类、维生素A、锌、铁、钾、镁等营养成分，具有促进肠道蠕动、排毒、保护神经系统等作用，搭配牛奶食用，有助于儿童的生长发育。

牡蛎

『最佳烹调法』
煮、炖、烧

▶营养成分：含蛋白质、糖类、氨基酸、B族维生素、维生素A、胡萝卜素、维生素E、牛磺酸、钙、磷、铁、锌等。

增高功效

牡蛎富含锌元素，锌是儿童生长发育的促进剂，有较好的益智长高功效。牡蛎中含有的糖原能为生长发育提供所需的能量，可增强体力。

营养分析

牡蛎中所含有的牛磺酸可以促进小儿胆汁分泌，排除堆积在肝脏中的中性脂肪，预防儿童肥胖。牡蛎含有的铁易于消化吸收，能预防贫血。常食牡蛎，还能提高儿童免疫力。

温馨提示

1.选购牡蛎时应选体大肥实，颜色淡黄，个体均匀，表面颜色褐红的。煮熟的牡蛎，壳若是稍微打开的，则说明煮之前是活的牡蛎。

2.牡蛎干泡发的方法：准备一盆放有少许小苏打粉的热水，再把牡蛎干放在热水中浸泡。

搭配宜忌

 ✔ 牡蛎+蒜蓉 去腥提鲜

 ✔ 牡蛎+鸡蛋 促进骨骼生长

 ✔ 牡蛎+豆瓣酱 去腥

 ✘ 牡蛎+山竹 降低锌的吸收

长高食谱

专家点评

此汤营养可口，常食能促进骨细胞的生长。生菜含有B族维生素、维生素C、膳食纤维及多种矿物质，可改善胃肠道的消化功能，预防儿童肥胖。

生蚝生菜汤

原料：

生蚝肉100克，生菜100克，香菜20克，高汤150毫升，姜片少许

调料：

盐、鸡粉、胡椒粉少许，料酒、食用油适量

做法：

1.生菜修齐整，香菜切末；生蚝肉装入碗中，加盐、鸡粉、料酒，拌匀，腌渍10分钟，至其入味。

2.用油起锅，放入姜片，倒入高汤，加清水，煮沸；倒入生蚝肉，搅匀。

3.用中火煮至其熟透，放入生菜；加盐、鸡粉、胡椒粉，搅匀。

4.盛出煮好的汤料，装入汤碗中，撒上香菜末即可。

长高食谱

专家点评

生蚝含有氨基酸、牛磺酸和钙、磷、铁等营养成分，常食可提高儿童免疫力。此外，生蚝还含有较多的锌，能改善儿童食欲，且还能增智长高。

姜葱生蚝

原料：

生蚝肉180克，彩椒片、红椒片各35克，姜片30克，蒜末、葱段各少许

调料：

盐、鸡粉、白糖、生粉、老抽、料酒、生抽、水淀粉、食用油各适量

做法：

1.开水锅中焯煮生蚝肉，沥干；淋上生抽，搅匀，滚上生粉，腌渍入味。

2.热锅注油，烧至五成热，将生蚝肉炸至微黄色，捞出，沥干。

3.油锅中放入姜、蒜、红椒、彩椒，大火爆香，倒入炸好的生蚝肉；撒上葱段，再淋入料酒、老抽、生抽，撒盐。

4.加鸡粉、白糖、水淀粉，炒匀，装盘。

海参

『最佳烹调法』
煮、拌、烧

▶营养成分：含有蛋白质、脂肪、糖类、8种必需氨基酸及维生素B$_1$、维生素B$_2$、烟酸、钠、钙、硒、镁、酸性多糖等。

增高功效

海参含钙丰富，且脂肪含量较低，能为骨骼发育提供原料，可促进软骨细胞和成骨细胞的发育，增强体质，是预防儿童体格矮小的较佳食材。

营养分析

海参中的赖氨酸被誉为人体的"生长素"，能促进人体发育，增强免疫功能，并有提高中枢神经组织功能的作用，故能缓解大脑疲劳、增强记忆力。海参中微量元素钒的含量居各种食物之首，可以参与血液中铁的输送，增强造血功能。

温馨提示

1.海参多为干制品，好的海参形体饱满、质重皮薄、肉壁肥厚。水发后涨性大，糯而滑爽、有弹性。

2.发好的海参不能久存，最好不超过3天。存放期间用凉水浸泡，每天换水2～3次，不要沾油，或放入不结冰的冰箱中。

搭配宜忌

 ✔ 海参+豆腐 益智健体

 ✔ 海参+羊肉 养血润燥

 ✘ 海参+山楂 不易消化

 ✘ 海参+柿子 影响消化

长高食谱

专家点评

常食海参有增高助长和增强免疫力的功效；桂圆能补益气血，可预防儿童缺铁性贫血。此外，桂圆对补充脑细胞也特别有效，能增强记忆力。

桂圆炒海参

原料：

莴笋200克，水发海参200克，桂圆肉50克，姜片、葱段各少许

调料：

盐、鸡粉各4克，料酒10毫升，生抽、水淀粉各5毫升，食用油适量

做法：

1.去皮的莴笋切薄片；开水锅中加盐、鸡粉，放入海参，加料酒拌匀，略煮。
2.倒入莴笋，淋入食用油，拌匀，煮约1分钟，捞出食材。
3.用油起锅，放姜片、葱段，爆香；倒入氽过水的莴笋、海参，炒匀；加盐、鸡粉、生抽，炒匀调味，水淀粉勾芡。
4.放入洗好的桂圆肉，炒匀，装盘。

长高食谱

专家点评

党参有益气养血，调节机体免疫的作用，可有效预防儿童患感染性疾病，降低疾病对身高生长的影响。此外，儿童食用枸杞有保肝明目的作用。

笋烧海参

原料：

党参12克，冬笋70克，枸杞8克，水发海参300克，姜片、葱段各少许

调料：

白醋、料酒各8毫升，生抽4毫升，盐、鸡粉各2克，水淀粉4毫升，食用油适量

做法：

1.冬笋切片，海参切块；砂锅中注水烧开，放入党参，用小火煮10分钟，盛出。
2.开水锅中，加入白醋，倒入海参，搅散，略煮，捞出，沥干。
3.用油起锅，倒入姜、葱，爆香，倒入海参，淋料酒、生抽，倒入冬笋、药汁，煮沸；放入盐、鸡粉，炒匀调味。
4.放枸杞，淋入水淀粉，炒匀，装盘。

虾米

『最佳烹调法』
炒、蒸、炖、拌

▶营养成分：含有蛋白质、脂肪、糖类、谷氨酸、维生素A、维生素B₁、维生素B₂、烟酸以及钙、磷、铁、硒、镁等。

增高功效

虾米含有儿童易吸收的钙，能提高骨密度，增强体质，提高儿童的运动机能，刺激长骨生长。常食虾还能增强儿童免疫力，减少疾病对身高的抑制作用。

营养分析

虾米营养丰富，是优质蛋白的主要来源。虾中含有的硒，能促进新陈代谢，维持人体正常的生理功能。虾还富含铁和镁元素，能改善缺铁性贫血引起的异食癖，可很好地保护儿童的心血管系统。

温馨提示

1.选购虾时，需以虾体形完整，呈青绿色，外壳硬实、发亮，肉质细嫩，有弹性的为佳。

2.虾以鲜食为宜，如需保存，可将其沙肠挑出，剥除虾壳，然后洒上少许酒，再放进冰箱冷冻。

3.患有炎症和面部痤疮及过敏性鼻炎、支气管哮喘等病症的儿童不宜吃虾。

搭配宜忌

 ✓虾米+白菜　增强机体免疫力

 ✓虾米+西蓝花　补脾和胃

 ✓虾米+藕　养血补血

 ✗虾米+芹菜　破坏维生素B₁

长高食谱

草菇虾米干贝汤

原料：

草菇150克，虾米35克，干贝20克，姜丝、葱花各少许

调料：

鸡粉、盐各2克，食用油适量

做法：

1.开水锅中倒入洗净切好的草菇，搅匀，煮约1分钟，捞出。

2.将焯煮好的草菇过一下清水，装盘备用；热锅注入适量食用油，放入姜丝、干贝、虾米。

3.倒入焯过水的草菇，翻炒均匀；锅中加入适量清水，搅拌匀。

4.放入鸡粉、盐，搅拌均匀，煮约3分钟，搅匀，盛出，撒上葱花即可。

专家点评

干贝含有多种人体必需的氨基酸，且钙、锌含量也较高，能促进生长。草菇含有维生素C、多糖、赖氨酸、锌、钾等营养成分，可提高机体免疫力。

虾米韭菜炒香干

原料：

韭菜130克，香干100克，彩椒40克，虾米20克，白芝麻10克，豆豉、蒜末各少许

调料：

盐2克，鸡粉2克，料酒10毫升，生抽3毫升，水淀粉4毫升

做法：

1.香干、彩椒切条，韭菜切段；热锅注油，烧至三成热，倒入香干，炸出香味，捞出备用。

2.锅底留油，放入蒜末，倒入虾米、豆豉，翻炒出香味；放入切好的彩椒，淋入料酒，炒匀；倒入韭菜，炒匀。

3.放入香干，加盐、鸡粉、生抽、水淀粉，炒匀，装盘，撒上白芝麻即成。

专家点评

香干富含优质蛋白，能促进钙等矿物质的吸收。白芝麻含有亚油酸，对儿童大脑和神经系统发育有利，且白芝麻还有养血润肤的作用。

虾皮

『最佳烹调法』
炒、拌

▶ 营养成分：含有蛋白质、脂肪、叶酸、维生素A、烟酸、维生素B_1、维生素B_2、硫氨酸、核黄酸、盐酸及钙、磷、钾、碘、镁等矿物质。

增高功效

虾皮富含的钙，是骨骼的主要成分，有助于长骨中骺软骨细胞的不断生长。尤其是在发育关键期——婴幼儿和青春期食用虾皮，助长的效果会更加明显。

营养分析

虾皮中含有丰富的镁元素，镁对神经系统有调节作用，有助于儿童脑部发育，还对儿童的不思饮食、惊厥等症有一定的改善作用。此外，在膳食中放些虾皮，对提高儿童食欲和增强儿童体质都很有好处。

温馨提示

1.虾皮可以分为生晒虾皮和熟晒虾皮两种。前者无盐，淡晒成品，鲜度高，不易返潮霉变。后者加盐煮沸，沥干晒燥，仍保持鲜味。

2.辨别虾皮品质的优劣，可以将其紧握在手中，松手后虾皮个体即散开是干燥适度的优质品，松手后不散且碎末多或发黏的则为次品或者变质品，则不宜购买。

搭配宜忌

 ✅ 虾皮+紫菜　提高钙吸收率

 ✅ 虾皮+燕麦　健脑益智

 ❌ 虾皮+黄豆　消化不良

 ❌ 虾皮+韭菜　影响营养吸收

长高食谱

专家点评

虾皮的钙较虾肉要高，对儿童骨骼、牙齿和神经系统的发育都非常有益。茼蒿中含有特殊香味的挥发油，有助于宽中理气、消食开胃、预防便秘。

虾皮炒茼蒿

原料：

虾皮20克，茼蒿200克，彩椒45克，蒜末少许

调料：

盐2克，鸡粉2克，料酒10毫升，食用油适量

做法：

1.茼蒿去根部，切成段，彩椒切条；用油起锅，放入蒜末、虾皮，炒出香味。

2.将切好的彩椒放入锅中，炒匀；淋入料酒，炒匀提鲜。

3.放入切好的茼蒿，翻炒均匀至变软。

4.加入少许盐、鸡粉，炒匀调味。

5.关火后盛出炒好的茼蒿，装入备好的盘中即可。

长高食谱

专家点评

冬瓜含有糖类、维生素和多种矿物质，具有清热祛暑、补钙的功效。虾皮含有钙、磷等成分，能促进骨骼、牙齿生长发育，儿童宜多食。

虾皮蚝油焖冬瓜

原料：

冬瓜250克，虾皮60克，姜片、蒜末、葱段各少许

调料：

盐2克，鸡粉2克，蚝油8克，料酒、水淀粉、食用油各适量

做法：

1.去皮的冬瓜切小块，装盘，待用。

2.用油起锅，放入姜片、蒜末、葱段，爆香；倒入虾皮，炒匀，淋入适量料酒，炒香；倒入冬瓜，炒匀。

3.加入蚝油，注入适量清水，拌匀；用小火焖煮3分钟，至食材熟透。

4.放入适量盐、鸡粉，炒匀调味。

5.大火收汁，倒入水淀粉勾芡，装盘。

三文鱼

『最佳烹调法』
烧、炖、蒸

▶营养成分：富含蛋白质、脂肪、糖类、胆固醇、维生素A、维生素B_1、维生素B_2、维生素E、锌、硒、铜、锰、钙等。

🌙 增高功效

三文鱼营养均衡，富含维生素D和钙，与含钙丰富的其他食材同食，有助于钙的吸收利用。此外，三文鱼中丰富的维生素还能使生长激素发挥正常的功能。

🌙 营养分析

三文鱼肉有补虚劳、健脾胃、暖胃和中的功能，还能缓解小儿水肿、消瘦、消化不良等症。三文鱼所含的Ω-3脂肪酸更是脑部、视网膜及神经系统发育所必不可少的物质，能帮助儿童智力发育。

🌙 温馨提示

1.新鲜的三文鱼具备一层完整无损、带有鲜银色的鱼鳞，透亮有光泽。鱼皮黑白分明，无瘀伤为佳。

2.保存三文鱼时，可将买回来的三文鱼切小块，用保鲜膜封好，再放入冰箱，若是速冻可保存1~2个月。

3.三文鱼宜做成八成熟，能较好地保持鲜味。

🌙 搭配宜忌

 ✔ 三文鱼+芥末　除腥、补充营养

 ✔ 三文鱼+柠檬　利于营养吸收

 ✔ 三文鱼+西红柿　抗衰老

 ✘ 三文鱼+竹笋　易过敏

专家点评

三文鱼中的钙容易消化吸收，能促进骨骼钙化。金针菇含有胡萝卜素、B族维生素、多种矿物质，具有增强免疫力、补肝、益肠胃、健脑等功效。

三文鱼金针菇卷

原料：

三文鱼160克，金针菇65克，芥菜叶50克，蛋清30克

调料：

盐3克，胡椒粉2克，生粉、食用油各适量

做法：

1.芥菜去根部，三文鱼切薄片；鱼片加盐、胡椒粉，搅匀，腌渍15分钟。

2.开水锅中，放入芥菜，加食用油、盐，略煮，捞出，沥干，装盘；取蛋清，加入少许生粉，搅匀，制成蛋液。

3.铺平鱼肉片，抹上蛋液，放入金针菇；卷成卷，蛋液涂抹封口，制成数个生坯。

4.煎锅中淋入食用油，将鱼卷煎至熟透，盛出鱼卷，摆放在芥菜上即可。

专家点评

西红柿含有胡萝卜素、维生素B_2、维生素C、钙等营养成分，具有开胃消食、清热解毒等功效。此汤荤素搭配、美味可口，对儿童补钙效果尤佳。

三文鱼蔬菜汤

原料：

三文鱼70克，西红柿85克，口蘑35克，芦笋90克

调料：

盐2克，鸡粉2克，胡椒粉适量

做法：

1.洗净的芦笋切成小段，口蘑切薄片。

2.洗净的西红柿切成小瓣，去除表皮。

3.处理好的三文鱼切成条形，改切成丁，备用；开水锅中，倒入切好的三文鱼，搅匀，煮至变色。

4.放入切好的芦笋、口蘑、西红柿，搅拌匀；烧开后用大火煮熟。

5.加盐、鸡粉、胡椒粉，搅匀调味。

6.盛出煮好的鱼汤，装入碗中即可。

鳕鱼

『最佳烹调法』
炖、拌、烧

▶营养成分：含有蛋白质、脂肪、糖类、胆固醇、维生素A、维生素B$_1$、维生素B$_2$、烟酸及钙、磷、钾、镁、铁、钠、硒等矿物质。

增高功效

鳕鱼含有的维生素D有助于钙的吸收，可防止因缺钙引起的身材矮小；鳕鱼中的锌能增强儿童食欲，预防厌食，保证长高所需的营养。

营养分析

鳕鱼中含有丰富的镁元素，对心血管系统有很好的保护作用，能活血祛瘀、补血止血。鳕鱼含有大量的维生素A，能促进视网膜的发育，帮助儿童改善视力；其含有的维生素D，可有效预防蛀牙。

温馨提示

1.新鲜鳕鱼以颜色雪白且未解冻的为宜。

2.鳕鱼的保存：把盐撒在鱼肉上，然后用保鲜膜包起来，放入冰箱冷冻室，既能去腥，还能增鲜。

3.辨别鳕鱼是否炸熟，可在油炸过程中用竹筷轻插鱼身，若拔出时沾带鱼血，表示未熟，反之则熟。

搭配宜忌

 ✔鳕鱼+西蓝花　促进维生素的吸收

 ✔鳕鱼+豆腐　提高蛋白质的吸收

 ✔鳕鱼+香菇　补脑健脑

 ✘鳕鱼+红酒　产生腥味

鳕鱼蒸鸡蛋

◉原料：

鳕鱼100克，鸡蛋2个，南瓜150克

◉调料：

盐1克

◉做法：

1.南瓜切片，鸡蛋打散调匀，制成蛋液。

2.烧开蒸锅，放入南瓜、鳕鱼，用中火蒸15分钟至熟。

3.用刀把鳕鱼、南瓜分别压烂，剁成泥状；在蛋液中加入南瓜、部分鳕鱼，放入少许盐，搅拌匀。

4.将拌好的材料装入另一个碗中。

5.放在烧开的蒸锅内。

6.盖上盖，用小火蒸8分钟。

7.取出，再放上剩余的鳕鱼肉即可。

专家点评

　　鳕鱼富含维生素D，有利于钙沉着于骨骼，促进长骨的生长。南瓜含有丰富的锌，能参与人体内核酸、蛋白质的合成，是人体生长发育的重要物质。

茄汁鳕鱼

◉原料：

鳕鱼200克，西红柿100克，洋葱30克，豌豆40克，鲜玉米粒40克

◉调料：

盐、生粉、料酒、番茄酱、水淀粉、橄榄油各适量

◉做法：

1.洋葱切粒，西红柿去蒂，切成小块。

2.鳕鱼中放入料酒、盐，生粉，拌匀。

3.锅中倒入橄榄油，将鳕鱼煎至焦黄色；开水锅中焯煮玉米粒、豌豆，捞出。

4.锅中注入橄榄油，倒入洋葱、西红柿、玉米粒和豌豆，炒匀，倒入清水，煮沸。

5.加盐、番茄酱、水淀粉，炒匀；盛出，浇上炒制好的汤汁。

专家点评

　　玉米富含钙和磷，搭配鳕鱼食用，能促进其吸收，有利于骨细胞的生长。西红柿和洋葱含有丰富的维生素C，对儿童神经系统的发育非常有利。

榛子

『最佳烹调法』
炒、拌

▶营养成分：含蛋白质、脂肪、糖类、胡萝卜素、维生素B₁、维生素B₂、维生素E、8种人体必需的氨基酸及钙、磷、铁等人体必需的矿物质元素。

增高功效

榛子含钙较高，有利于骨骼的发育，且榛子含有较多的油脂，有助于脂溶性维生素——维生素D的生成，是钙吸收利用的助推剂。

营养分析

榛子富含维生素E，具有抗氧化、润泽肌肤的功效。榛子本身有一种天然的香气，具有开胃的功效，丰富的纤维素还有助消化和防治便秘的作用。榛子中含有丰富的维生素A原，有利于维持正常视力。

温馨提示

1.榛子的选购：以个大圆整、壳薄白净、出仁率高、干燥、色泽白净、含油量高者为佳。

2.榛子贮藏应在低温，低氧，干燥，气温15℃以下，相对湿度60%以下，暗光的条件下，否则脂肪氧化而产生"哈喇味"则不能食用。

搭配宜忌

 ✔榛子+猪肝 有利于钙吸收

 ✔榛子+核桃 增强体力

 ✔榛子+粳米 健脾开胃、增强免疫力

 ✘榛子+牛奶 影响营养吸收

榛子枸杞桂花粥

长高食谱

专家点评

　　榛子含有不饱和脂肪酸、氨基酸和矿物质，具有促消化、增进食欲、提高记忆力等功效，适合长高儿童食用。枸杞能保护视力，预防儿童近视。

◑ 原料：

水发大米200克，榛子仁20克，枸杞7克，桂花5克

◑ 做法：

1.砂锅中注入清水烧开，倒入洗净的大米，搅拌均匀，使米粒散开。

2.盖上盖，煮沸后用小火煮约40分钟至大米熟透。

3.揭盖，倒入备好的榛子仁、枸杞、桂花，拌匀。

4.盖上盖，用小火续煮约15分钟，至米粥浓稠。

5.揭盖，搅拌均匀。

6.关火后将煮好的粥装入碗中即可。

榛子小米粥

长高食谱

专家点评

　　小米具有益丹田、开肠胃的功效，与含钙量高的坚果类食物榛子煮粥同食，不仅对儿童骨骼发育非常有利，还可促进大脑发育，增强儿童学习能力。

◑ 原料：

榛子45克，水发小米100克，水发大米150克

◑ 做法：

1.将榛子放入杵臼中，研磨成碎末。

2.将研碎的榛子末倒入洗净的小碟子中，备用。

3.砂锅中注入适量清水烧开。

4.倒入洗净的大米，放入洗好的小米，搅拌均匀。

5.用小火煮约40分钟，至米粒熟透，搅拌片刻。

6.关火后盛出煮好的粥，装入碗中；放入榛子碎末，放凉后即可食用。

妈妈必修课

"亭亭玉立""玉树临风"，拥有高挑的身材，不仅是孩子对自己成年后的期望，也是父母的希望。那么，如何把握儿童长高的黄金时期，为孩子提供生长发育所必需的营养素，从而促进孩子快速增高呢？本章就根据不同年龄段儿童的生长发育特点，将孩子长高的关键期划分为5个阶段，为孩子量身定制健康增高食谱，让孩子从小赢在高处。

PART 3

儿童步步"高"长
全攻略

婴儿期宝宝的长高食谱

婴儿期：宝宝出生满28天到1周岁为婴儿期。婴儿期是宝宝的骨骼生长最为活跃的时期，无论是长骨还是脊椎生长都十分迅速，尤其是在宝宝睡觉的时候，骨骼生长更快。这一时期，宝宝身高可增加25厘米左右，1周岁时宝宝的身高可为出生时的1.5倍。婴儿期宝宝的生长情况与营养供给和护理密切相关，除要特别注意宝宝的喂养外，还应保证宝宝充足的睡眠，为宝宝"长高个"打好坚实的基础。

标准身高

身高(cm) / 年龄	男			女		
	-2SD	中位数	+2SD	-2SD	中位数	+2SD
出生	46.9	50.4	54.0	46.4	49.7	53.2
2个月	54.3	58.7	63.3	53.2	57.4	61.8
4个月	60.1	64.6	69.3	58.8	63.1	67.7
6个月	63.7	68.4	73.3	62.3	66.8	71.5
9个月	67.6	72.6	77.8	66.1	71.0	76.2
12个月	71.2	76.5	82.1	69.7	75.0	80.5

长高小叮咛

婴儿期，母乳是宝宝骨骼生长最好的营养品。当然，在母乳不足的情况下，需要适当添加配方奶粉。以母乳喂养时，哺乳期妈妈要适当补充钙制品或多吃含钙高的食物，以增加宝宝钙的摄入；以人工喂养时，可在宝宝配方奶粉中适当添加维生素D制剂，帮助宝宝吸收其中的钙；满4个月后，应及时给宝宝添加辅食，且食物的种类应随着宝宝的生长发育变得丰富，可多喂食富含蛋白质、维生素、钙的食物。

婴儿期的宝宝，家长可以通过轻柔的抚触给孩子按摩，随着宝宝的成长，可逐渐进行一些简单的脚部、手部按摩。

孩子出生后的第一年内，脊椎的生长速度快于四肢，此时孩子的运动应与脊椎的发育相适应，不能过早让孩子坐、爬、站、走，这样不利于孩子脊柱正常生长。

长高食谱

雪梨稀粥

◖原料：水发米碎100克，雪梨65克

◖做法：

1.雪梨去核，果肉切小块；装碗中，待用。

2.取榨汁机，选择搅拌刀座组合，倒入雪梨块，注入少许清水，盖上盖。

3.选择"榨汁"功能，榨取汁水；断电后倒出雪梨汁，过滤到碗中，备用。

4.开水锅中，倒入备好的米碎，搅拌均匀。

5.盖上盖，烧开后用小火煮约20分钟至熟。

6.揭开盖，倒入雪梨汁，拌匀，用大火煮约2分钟。

7.关火后盛出煮好的稀粥即可。

专家点评

　　大米具有健脾养胃、壮筋骨的功效；雪梨具生津润燥、清热化痰、养血生肌的功效；两者搭配食用，能增进食欲、促进营养物质的吸收利用，提高机体的抗病能力，从而促进生长发育。

长高食谱

土豆稀粥

◑ 原料：米碎90克，土豆70克

◑ 做法：

1. 去皮土豆切小块，放在蒸盘中，待用。
2. 蒸锅上火烧开，放入装有土豆的蒸盘。
3. 用中火蒸20分钟至土豆熟软；取出蒸盘，放凉待用。
4. 将放凉的土豆压碎，碾成泥状，装盘待用。
5. 砂锅中注入适量清水烧开，倒入备好的米碎，搅拌均匀。
6. 烧开后用小火煮至米碎熟透，倒入土豆泥。
7. 搅拌均匀，继续煮5分钟，关火后盛出煮好的稀粥即成。

专家点评

　　土豆营养丰富，尤其是其所含的B族维生素及维生素C，是构成身体发育不可或缺的营养元素，对宝宝的身体发育有辅助作用。此外，土豆含有优质纤维素，能够刺激肠胃蠕动，帮助宝宝更好地消化吸收各种摄入体内的营养素。

长高食谱

白萝卜稀粥

●原料：水发米碎80克，白萝卜120克

●做法：

1.去皮白萝卜切成小块，装盘待用。

2.取榨汁机，选择搅拌刀座组合，放白萝卜，注少许温开水；盖上盖，选择"榨汁"功能，榨取汁水。

3.断电后将汁水倒入碗中，备用。

4.砂锅置于火上，倒入白萝卜汁，用中火煮至沸；倒入备好的米碎，搅拌均匀。

5.盖上盖，烧开后用小火煮至食材熟透。

6.揭盖，搅拌一会儿；关火后盛出煮好的稀粥即可。

专家点评

　　白萝卜中富含的维生素A及维生素C，能够促进体内的蛋白质合成，维持正常的骨骼发育；此外，维生素A还能保护宝宝视力，防止小儿夜盲症。白萝卜还含有丰富的纤维素，具有开胃消食、增强免疫力等功效。

虾仁西蓝花碎米粥

● 原料： 虾仁40克，西蓝花70克，胡萝卜45克，大米65克

● 调料： 盐少许

● 做法：

1.去皮胡萝卜切成片；将虾仁挑去虾线，剁成虾泥。

2.锅中注水烧开，先后放入胡萝卜、西蓝花，煮至断生，捞出；放凉后剁成末。

3.取榨汁机，选择干磨刀座组合，将大米放入杯中。

4.选择"干磨"功能，将米磨成米碎，待用。

5.锅中水烧热，倒米碎，煮成米糊。

6.依次加入虾、胡萝卜、西蓝花，煮沸，加盐调味；盛出，装入碗中即可。

专家点评

西蓝花含有丰富的维生素C，能增强肝脏的解毒能力，提高宝宝自身的抗病能力；虾仁是含钙高的食物，此道膳食除可维持孩子骨骼的正常发育外，还能起到保护视力、提高记忆力的作用。

蛋黄豆腐碎米粥

◖原料：鸡蛋1个，豆腐95克，大米65克

◖调料：盐少许

◖做法：

1.汤锅中加水，放入鸡蛋，烧开后调小火煮约10分钟至熟，取出。

2.豆腐切成丁；熟鸡蛋去壳，取出蛋黄，用刀将蛋黄压烂，备用。

3.取榨汁机，选干磨刀座组合，将大米放杯中，选择"干磨"功能；将大米磨成米碎。

4.汤锅中加水烧热，倒入米碎，搅拌2分钟，煮成米糊。

5.加入盐、豆腐，拌煮约1分钟至豆腐熟透。

6.关火，把米糊倒入碗中，放入蛋黄即可。

专家点评

　　鸡蛋黄含有大量的钙、磷、铁和维生素D等营养素，是促使骨质钙化、造血不可缺少的原料，能防止宝宝生长发育过快而发生的软骨病；搭配同样含钙较高，且易消化的豆腐食用，是促进宝宝健康成长的最佳滋养食品。

长高食谱

肉糜粥

● 原料：瘦肉600克，小白菜45克，大米65克

● 调料：盐2克

专家点评

● 做法：

1.小白菜切成段，瘦肉切成片。

2.取榨汁机，选用绞肉刀座组合，把肉片放入杯中，搅成泥状，盛出，加水调匀。

3.再选择干磨刀座组合，将大米磨成米碎。

4.将米碎盛入碗中，加水，调制成米浆备用。

5.选择搅拌刀座组合，放入小白菜和水，榨取白菜汁。

6.锅置火上，倒小白菜汁、肉泥、米浆，用勺子持续搅拌，煮成米糊。

7.调入适量盐，搅拌至入味，盛入碗中即可。

猪瘦肉含有丰富的蛋白质、钙、磷、铁等营养成分，具有补虚强身、滋阴润燥的作用；小白菜含钙也较高，是防治小儿佝偻病、软骨病的理想蔬菜。两者搭配食用，可促进幼儿长高，增强幼儿体质。

长高食谱

鲷鱼稀饭

●原料： 鲷鱼肉80克，白萝卜40克，白菜65克，稀饭95克，海带汤400毫升

●做法：

1. 蒸锅上火烧开，放入洗好的鲷鱼肉。

2. 用中火蒸约15分钟至其熟透；取出鲷鱼，放凉待用。

3. 白菜、白萝卜均切成碎末，备用。

4. 将蒸好的鲷鱼肉碾碎，切成碎末，待用。

5. 砂锅中注水烧开，倒入海带汤，用大火煮沸；倒入备好的鲷鱼、白萝卜、稀饭，拌匀。

6. 放入白菜，拌匀、搅散；烧开后用小火焖煮约20分钟至食材熟透，搅拌匀。

7. 关火后盛出稀饭即可。

专家点评

　　鲷鱼含有蛋白质、维生素D、钙、钾、硒等营养成分，维生素D能促进钙的吸收，维持血清钙、磷浓度的稳定，有效预防小儿佝偻病；搭配白萝卜及白菜食用，还能增加膳食中的纤维素及维生素含量，对生长发育更有益。

玉米浓汤

◖原料：鲜玉米粒100克，配方牛奶150毫升

◖调料：盐少许

◖做法：

1.取来榨汁机，选用搅拌刀座组合，倒入洗净的玉米粒。

2.再加入少许清水，盖上盖子；通电后选择"搅拌"功能，榨一会，制成玉米汁。

3.断电后倒出玉米汁，待用。

4.汤锅上火烧热，倒入玉米汁，慢慢搅拌几下；用小火煮至汁液沸腾。

5.倒入配方牛奶，搅拌匀，续煮片刻至沸；再加入盐，拌匀调味。

6.关火后盛出煮好的浓汤，放在小碗中即成。

专家点评

　　牛奶含有丰富的钙、磷、铁、锌、铜、锰、钼等营养物质，是人体钙的最佳食物来源，而且钙、磷比例非常适当，利于钙的吸收。幼儿饮用此品，能有效补充生长发育所需的钙，起到强壮骨骼的作用。

长高食谱

鸡蓉玉米糊

◗ **原料：**鲜玉米粒120克，鸡胸肉60克，鸡汤100毫升

◗ **调料：**盐少许

◗ **做法：**

1.取榨汁机，选择绞肉刀座组合，放鸡肉；搅约1分钟至鸡肉成泥状，取出，放在碗中。

2.倒入鸡汤，拌匀；再取搅拌刀座组合，倒玉米粒，榨取玉米汁；倒入碗中，待用。

3.汤锅中倒入余下的鸡汤烧热；再放入玉米汁，用大火煮至沸。

4.下入鸡肉泥，拌匀，续煮一会至鸡肉熟透。

5.调入少许盐，拌匀；再煮一会至鸡肉入味。

6.关火后盛出煮好的玉米糊，放在小碗中待稍微放凉后即可食用。

专家点评

　　玉米含有丰富的纤维素，可以刺激胃肠蠕动，防止小儿便秘；鸡肉中含有的优质蛋白能促进钙的吸收，维持肌肉发育，是宝宝成长必不可少的营养素。此道膳食，有益于宝宝生长发育，可常食。

长高食谱

豌豆糊

◗ 原料：豌豆120克，鸡汤200毫升

◗ 调料：盐少许

◗ 做法：

1. 汤锅中注水，倒入豌豆；烧开后用小火煮15分钟至熟，捞出，备用。

2. 取榨汁机，选搅拌刀座组合，倒入豌豆、100毫升鸡汤，选择"搅拌"功能，榨取豌豆鸡汤汁，备用。

3. 把剩余的鸡汤倒入汤锅中，加入豌豆鸡汤汁，用锅勺搅散，用小火煮沸。

4. 放入少许盐，快速搅匀，调味。

5. 关火后将煮好的豌豆糊装入碗中，待稍微放凉后即可食用。

专家点评

豌豆含有丰富的钙及人体所必需的多种氨基酸；鸡汤中含有的优质蛋白，是维持骨骼正常发育不可缺少的营养素，且具有补虚强身的作用，故本品是提高孩子免疫力、促进生长发育的佳肴。

长高食谱

燕麦芝麻豆浆

● 原料：燕麦、黑芝麻各30克，水发黄豆55克

● 做法：

1.将燕麦和浸泡好的黄豆倒入碗中，加适量清水，搓洗干净。

2.将洗好的食材倒入滤网，沥干水分。

3.把沥干水的食材、黑芝麻倒入豆浆机中，再注入适量清水，至水位线即可。

4.盖上豆浆机机头，选择"五谷"程序，开始打浆；待豆浆机运转约20分钟，即成豆浆。

5.将豆浆机断电，取下机头，把煮好的豆浆倒入滤网，滤取豆浆。

6.将过滤好的豆浆倒入杯中即可。

专家点评

黑芝麻含有蛋白质、维生素A、钙、铁等营养成分，具有补钙、润发乌发等功效；燕麦具有健脾和胃、抗菌、抗氧化的功效，能提高宝宝的抗病能力，两者同食，可让宝宝少生病、长更高。

薏米双豆浆

原料： 水发薏米30克，水发绿豆40克，水发红豆45克

做法：

1.将已浸泡好的红豆、绿豆、薏米倒入碗中，加适量清水，搓洗干净。

2.将洗好的材料倒入滤网，沥干水分后倒入豆浆机中。

3.注入适量清水，至水位线即可。

4.盖上盖，选择"五谷"程序，开始打浆。

5.待豆浆机运转约20分钟，即成豆浆。

6.将豆浆机断电，取下机头，把煮好的豆浆倒入杯中。

7.用汤匙撇去浮沫即可。

专家点评

薏米含有淀粉、薏苡仁油、氨基酸和多种维生素，具有强筋骨、增强免疫力、清热利湿、健脾胃等功效；绿豆中所含的蛋白质、磷脂均有兴奋神经、增进食欲的功能；故此道膳食，能为宝宝的成长补充营养。

婴儿期长高食谱荟萃

关注"掌厨"——更多婴儿期长高食谱可在"掌厨"中找到

掌厨 | 全球最大的
视频厨房

▶ 维C果汁饮	▶ 西蓝花糊	▶ 三文鱼蔬菜汤
▶ 海带薏米粥	▶ 牛肉海带碎米糊	▶ 黄瓜胡萝卜汁
▶ 柠檬薏米羹	▶ 香蕉燕麦粥	▶ 苹果米糊
▶ 牛肉南瓜粥	▶ 水果泥	▶ 芹菜梨汁
▶ 黑米核桃羹	▶ 香蕉泥	▶ 核桃糊
▶ 雪梨菠菜稀粥	▶ 黑米核桃黄豆浆	▶ 菠萝木瓜汁
▶ 山药蔬菜粥	▶ 燕麦南瓜泥	▶ 南瓜小米糊
▶ 小米胡萝卜泥	▶ 黑豆小麦粥	▶ 胡萝卜梨汁
▶ 芥菜黄豆粥	▶ 香浓玉米汁	▶ 山药绿豆豆浆
▶ 胡萝卜南瓜粥	▶ 芝麻玉米豆浆	▶ 菠菜西蓝花汁
▶ 火龙果汁	▶ 蛋黄紫菜豆浆	▶ 红豆山药羹
▶ 苹果玉米羹	▶ 黄鱼蔬菜汤	▶ 冬瓜菠菜汤
▶ 猪血山药汤	▶ 花菜香菇粥	▶ 虾仁土豆泥
▶ 鲈鱼西蓝花粥	▶ 木耳胡萝卜豆浆	▶ 包菜稀糊
▶ 南瓜碎米糊	▶ 薏米白菜汤	▶ 美味香蕉蜜瓜汁

幼儿期宝宝的长高食谱

幼儿期：宝宝1~3岁为幼儿期。幼儿期的骨骼发育对成年后的身高影响很大，研究证实，根据幼儿期的身高，即可以推算出孩子未来的身高。大约在2岁的时候，幼儿的生长发育速度开始稳定在某一个百分位线上；3周岁时的身高与成年后的最终身高的相关系数可达0.8。另外，幼儿的骨骼比较脆弱，容易出现骨骼损伤，虽然宝宝的骨骼生长力较强，修复容易，但容易发生二次损害，尤其长骨折损，对宝宝的生长有一定的不利影响。

标准身高

身高(cm) / 年龄	男			女		
	−2SD	中位数	+2SD	−2SD	中位数	+2SD
15个月	74.0	79.8	85.8	72.9	78.5	84.3
18个月	76.6	82.7	89.1	75.6	81.5	87.7
21个月	79.1	85.6	92.4	78.1	84.4	91.1
2岁	81.6	88.5	95.8	80.5	87.2	94.3
2.5岁	85.9	93.3	101.0	84.8	92.1	99.8
3岁	89.3	96.8	104.6	88.2	95.6	103.4

长高小叮咛

宝宝进入幼儿期，能吃的食物日益丰富，给宝宝准备膳食时要注意荤素搭配、色泽搭配、品种搭配等，以增加宝宝对食物的兴趣。同时，要注意培养宝宝有规律的饮食习惯，避免挑食或偏食，从而使宝宝膳食均衡、营养全面。这一时期的宝宝可以在医生的指导下，适当补充维生素D制剂。

在宝宝1岁以后，家长可通过按压相应的经穴，刺激骨骼之间的软骨部分，使形成骨骼的营养成分运输更加活跃，进而促进骨骼生长发育。

幼儿期是培养宝宝运动兴趣和运动习惯的最佳时期。家长应多带孩子参与户外活动，在感受大自然的气息和太阳照射的同时，促进维生素D的合成。宝宝2岁以后，可做些简单的广播体操或踢腿动作，使骨骼得到锻炼和拉伸，但不宜过量运动。

长高食谱

青红萝卜猪骨汤

◖原料：猪骨100克，青萝卜块100克，蜜枣10克，胡萝卜块70克，杏仁、陈皮各少许，高汤适量

◖调料：盐2克

◖做法：

1.开水锅中，倒入猪骨，搅散，氽煮片刻。

2.捞出氽煮好的猪骨，将猪骨过一次冷水，沥干水分，备用。

3.砂锅中注入高汤烧开，倒入氽好水的猪骨。

4.放入备好的胡萝卜、杏仁、陈皮、蜜枣，再加入青萝卜块。

5.搅拌片刻，盖上锅盖，用大火煮15分钟，转中火煮2小时至食材熟软。

6.揭开锅盖，加入盐调味，搅拌至食材入味。

7.将煮好的汤料装入碗中，稍放凉即可食用。

专家点评

　　胡萝卜含有的胡萝卜素能转化成维生素A，促进人体骨骼、牙齿的正常生长发育；猪骨中含有大量磷酸钙、骨胶原、骨黏蛋白等，能增强骨髓造血功能，辅助骨骼的生长发育；故此道膳食，对促进幼儿长高十分有益。

娃娃菜鲜虾粉丝汤

◖原料：娃娃菜270克，水发粉丝200克，虾仁45克，姜片、葱花各少许

◖调料：盐2克，鸡粉1克，胡椒粉适量

专家点评

◖做法：

1.将泡发好的粉丝切段，备用。

2.将洗净的娃娃菜切成小段，待用。

3.将洗好的虾仁切成小块，备用。

4.砂锅中注入适量清水烧开，撒上姜片。

5.放入备好的虾仁、娃娃菜。

6.盖上盖，煮开后用小火续煮5分钟；揭盖，加入少许盐、鸡粉、胡椒粉，拌匀。

7.放入备好的粉丝，拌匀，煮至熟软。

8.关火后盛出煮好的汤料，撒上葱花，待稍微放凉后即可食用。

　　虾仁含有蛋白质，钙、磷等多种矿物质元素，具有益智增高的作用；娃娃菜含有胡萝卜素、B族维生素、维生素C等营养成分，具有养胃生津、清热解毒等功效；搭配食用，对幼儿生长发育有益。

长高食谱

花生红枣木瓜排骨汤

● 原料：排骨块180克，木瓜块80克，花生米70克，红枣20克，核桃仁15克，高汤适量

● 调料：盐3克

专家点评

● 做法：

1.锅中注入适量清水烧开，倒入洗净的排骨块，搅拌均匀，煮约2分钟，氽去血水。
2.关火后捞出氽煮好的排骨。
3.将排骨过一下冷水，装盘备用。
4.砂锅中注入高汤烧开，倒入备好的排骨。
5.放入备好的木瓜、红枣、花生米、核桃仁，搅拌匀。
6.大火烧开后转小火炖1~3小时至食材熟透。
7.加入少许盐，调味；盛出炖煮好的汤料，装入碗中即可。

　　木瓜有助消化、益智、调节生理代谢平衡等功效；排骨中含有的磷酸钙、骨黏蛋白等物质能够促进骨骼的生长发育；搭配红枣、花生食用，能够满足幼儿成长所需的大量营养素，对幼儿有益智增高的作用。

长高食谱

花蛤紫菜汤

● 原料：蛤蜊400克，水发紫菜80克，姜丝、香菜段各少许

● 调料：盐2克，鸡粉2克，胡椒粉、食用油各适量

● 做法：

1.洗好的蛤蜊切开，去除内脏。

2.放入碗中，用清水洗干净，备用。

3.锅中注入适量清水烧开，放入处理好的蛤蜊，撒入姜丝。

4.加入少许盐、鸡粉，倒入少许食用油，煮至沸；加入洗好的紫菜，拌匀。

5.撒入适量的胡椒粉，继续搅拌片刻，至紫菜完全散开。

6.关火后盛出煮好的汤料，装入汤碗中，撒上香菜段即可。

 专家点评

　　蛤蜊中含有的碳酸钙及磷酸钙，是构成人体骨骼及牙齿的主要无机盐；且蛤蜊中还含有维生素、镁、铁、锌等营养成分，有开胃、滋阴、润燥的作用，不仅对幼儿的骨骼及牙齿发育十分有益，还能预防小儿厌食、便秘。

鲜奶玉米糊

◐原料： 牛奶120毫升，玉米片50克，猕猴桃55克，葡萄干15克

◐做法：

1. 去皮猕猴桃切成薄片，放在盘中，待用。

2. 汤锅上火烧热，倒入牛奶，用大火煮片刻。

3. 待牛奶将沸时撒入备好的玉米片。

4. 搅拌几下，用中火煮片刻，至玉米片溶化。

5. 向锅中撒入洗净的葡萄干，拌匀、搅散，略煮片刻。

6. 再倒入切片的猕猴桃，搅拌匀；续煮一会儿至其析出营养物质。

7. 关火后盛出煮好的玉米糊，放入碗中，待稍微放凉后即成食用。

专家点评

此道膳食中，牛奶与葡萄干都是含钙较高的食物，且牛奶中的钙极易被人体消化吸收，是人体钙质的最佳食物来源；幼儿常食本品，对促进骨骼发育、强壮身体、防治小儿佝偻病等都很有帮助。

乌冬面糊

●原料：乌冬面240克，生菜叶30克

●调料：盐少许，鸡粉2克，食用油适量

●做法：

1.生菜切碎末，备用；锅中注入适量清水烧开，加入少许食用油、盐。

2.倒入乌冬面，搅散，用大火煮至熟软；捞出乌冬面，沥干水分。

3.乌冬面置于砧板上，切段，剁成末，备用。

4.锅中注水烧开，加盐、鸡粉、食用油、乌冬面，搅散。

5.烧开后用中火煮约5分钟至其呈糊状，倒入生菜叶，搅匀，煮至熟软。

6.关火后盛出煮好的面糊即可。

专家点评

　　生菜含有钙、铁、铜等矿物质，其中钙是骨骼和牙齿发育的主要物质，可预防小儿佝偻病，防止宝宝发育迟缓；铁和铜能促进血红蛋白的合成，可预防宝宝食欲不振、缺铁性贫血等问题。

长高食谱

奶香水果燕麦粥

◐ 原料：燕麦片75克，牛奶100毫升，雪梨30克，猕猴桃65克，芒果50克

◐ 做法：

1.雪梨去皮，去核，切成小块；猕猴桃切开去皮，切小块。

2.洗净的芒果切开去皮，切小块，备用。

3.砂锅中注适量清水烧开，倒入备好的燕麦片，搅拌匀。

4.盖上盖，用小火煮约30分钟至熟。

5.揭盖，倒入牛奶，用中火略煮片刻。

6.倒入切好的水果，搅拌匀。

7.关火后盛出煮好的燕麦粥，放入碗中，待稍微放凉后即可食用。

专家点评

　　牛奶是含钙、磷比例适中的食物，人体对其所含的钙吸收利用率较高；燕麦片含有的维生素E，能清除体内自由基，提高幼儿抗病能力；故此道膳食，对促进幼儿的骨骼发育，辅助幼儿健康成长十分有益。

长高食谱

西蓝花胡萝卜粥

◖原料：西蓝花60克，胡萝卜50克，水发大米95克

◖做法：

1.汤锅中注水烧开，倒入西蓝花，煮1分30秒至断生，捞出。

2.将西蓝花切碎，剁成末；胡萝卜切片，再切成丝，改切成粒。

3.汤锅中注水烧开，倒入大米，拌匀；用小火煮30分钟至大米熟软。

4.倒入备好的胡萝卜片，搅拌匀。

5.用小火煮5分钟至食材熟透；放入西蓝花，搅拌，大火煮沸。

6.将煮好的粥盛出，装碗即可。

专家点评

　　西蓝花含有蛋白质、维生素C、胡萝卜素、钙、磷、铁、钾、锌等成分，能增强肝脏的解毒能力，提高机体免疫力；胡萝卜中的胡萝卜素能转化为对骨骼生长发育有促进作用的维生素A，此道膳食适合生长发育期的幼儿食用。

长高食谱

蒸肉丸子

● 原料：土豆170克，肉末90克，蛋液少许

● 调料：盐、鸡粉各2克，白糖6克，生粉适量，芝麻油少许

● 做法：

1. 去皮土豆切片，装盘，置于蒸锅中。

2. 中火蒸至土豆熟软，取出，放凉后压成泥。

3. 取一个大碗，倒入肉末，加入盐、鸡粉、白糖；倒入蛋液、土豆泥，拌匀。

4. 撒上生粉，拌匀至起劲。

5. 把拌好的土豆肉末泥做成数个丸子，放入抹上芝麻油的蒸盘中，备用。

6. 蒸锅上火烧开，放入蒸盘；用中火蒸约10分钟至食材熟透。

7. 取出蒸盘，待稍微放凉后即可食用。

专家点评

　　土豆含有蛋白质、糖类、维生素、钙、磷、铁等营养成分，具有健脾和胃、益气调中、通利大便等功效；猪肉中的蛋白质、脂肪及维生素B_1、维生素B_2等营养成分，有补虚强身、滋阴润燥之效。两者搭配食用，能提高幼儿的抗病能力，促进其生长。

虾菇青菜

◖原料：上海青85克，虾仁40克，鲜香菇35克

◖调料：盐3克，鸡粉2克，水淀粉、食用油各适量

◖做法：

1.香菇、上海青切丁，虾仁挑虾线，再切丁。

2.虾仁放小碟子中，放盐、鸡粉、水淀粉，拌匀；再注食用油，腌渍约10分钟至入味。

3.锅中注水烧开，加入食用油、盐、香菇丁，略煮；再倒入上海青，焯煮约半分钟，捞出。

4.用油起锅，倒入腌渍好的虾肉丁；翻炒几下，至虾身弯曲、变色；再放入焯煮过的食材，炒软。

5.加入鸡粉、盐，炒匀调味；关火后盛出炒制好的菜肴即成。

专家点评

　　虾仁的蛋白质含量是鱼、蛋、奶的几倍到几十倍，还含有丰富的钾、碘、钙、镁、磷及维生素A、氨茶碱等成分，且其肉质松软，易消化，是幼儿增加食欲、辅助长高、提高身体免疫力的重要食物来源。

长高食谱

木耳黑米豆浆

◑原料：水发木耳8克，水发黄豆50克，水发黑米30克

◑做法：

1.将已浸泡好的黄豆、黑米倒入碗中，注水搓洗干净，沥干水分。

2.将木耳、黄豆、黑米倒入豆浆机中，注水至水位线即可。

3.盖上豆浆机机头，选择"五谷"程序，再选择"开始"键，开始打浆。

4.待豆浆机运转约20分钟，即成豆浆；将豆浆机断电，取下机头。

5.把煮好的豆浆倒入滤网，滤取豆浆。

6.把滤好的豆浆倒入杯中即可。

专家点评

黑米含有蛋白质、B族维生素、维生素E、钙、磷等营养成分，具有清除自由基，增强免疫力、改善缺铁性贫血等功效，搭配含钙较高的木耳及黄豆食用，对儿童生长发育有辅助食疗作用。

长高食谱

香菇肉糜饭

◑ 原料：米饭120克，牛肉100克，鲜香菇30克，即食紫菜少许，高汤250毫升

◑ 调料：盐少许，生抽2毫升，食用油适量

专家点评

◑ 做法：

1. 将洗净的香菇切片，改切成粒；牛肉切片，再剁成碎末。
2. 用油起锅，倒入牛肉，炒松散，至其变色。
3. 倒入香菇丁，翻炒匀；再注入高汤，搅拌几下，使食材散开。
4. 调入生抽、盐；用中火煮片刻至盐分溶化。
5. 倒入备好的米饭，搅散，拌匀。
6. 再转大火煮片刻。
7. 关火后将煮好的牛肉饭装在碗中，撒上即食紫菜即成。

　　牛肉的营养价值很高，富含蛋白质、脂肪、维生素和磷、钙、铁等成分，对增长肌肉、增强力量特别有效；香菇中含有的维生素D原，还能促进钙吸收，故幼儿食用此膳食，能增强免疫力，助其长高。

幼儿期长高食谱荟萃

关注"掌厨"——更多幼儿期长高食谱可在"掌厨"中找到

掌厨 | 全球最大的
视频厨房

青菜香菇魔芋汤	鸡蛋木耳粥	肉末炒青菜
白灵菇炒鸡丁	虾皮炒冬瓜	胡萝卜猪蹄汤
西红柿豆芽汤	西红柿苹果汁	糯米稀粥
蔬菜骨汤面片	小麦黑豆排骨粥	猪心炒包菜
莲藕海带汤	香菇笋粥	西红柿炒包菜
苹果花生豆浆	莲藕柠檬苹果汁	芦笋炒猪肝
西蓝花芹菜苹果汁	芦笋炒鸡柳	紫菜萝卜蛋汤
带鱼南瓜汤	南瓜大米黄豆浆	芝麻糯米黑豆浆
鲫鱼薏米粥	炒素三丝	莲藕萝卜排骨汤
香菇白菜黄豆汤	草菇花菜炒肉丝	营养黄瓜苹果汁
猪骨高汤	豌豆猪肝汤	奶香苹果汁
圣女果芒果汁	南瓜炒牛肉	海藻墨鱼汤
黄鱼蛤蜊汤	西芹炒虾仁	燕麦紫薯豆浆
板栗牛肉粥	牛奶炒三丁	生蚝口蘑紫菜汤
薏苡冬瓜排骨汤	桂圆炒虾球	素炒黄豆芽

学龄前孩子的长高食谱

学龄前：孩子在3~6岁时为学龄前期。学龄前孩子身体各部位比例变化较为明显，头、躯干、四肢生长速度也不同，仍然是长骨（四肢）发育较快。这一时期的孩子，关节面软骨较厚，关节囊、韧带的伸展性大，关节周围的肌肉细长，活动范围大于成人，所以很多成人不能完成的动作，这一时期的孩子都能完成。但是，他们的关节牢固性差，也较脆弱，在外力作用下容易脱位，易受伤害，家长应多加防护。

标准身高

身高(cm) 年龄	男			女		
	−2SD	中位数	+2SD	−2SD	中位数	+2SD
3.5岁	93.0	100.6	108.6	91.9	99.4	107.2
4岁	96.3	104.1	112.3	95.4	103.1	111.1
4.5岁	99.5	107.7	116.2	98.7	106.7	115.2
5岁	102.8	111.3	120.1	101.8	110.2	118.9
5.5岁	105.9	114.7	123.8	104.9	113.5	122.6
6岁	108.6	117.7	127.2	107.6	116.6	126.0

长高小叮咛

这一时期，是孩子骨骼生长的储备期，营养的提供仍然至关重要。学龄前孩子的营养，应该以糖类为主，蛋白质食物为辅，适当补充脂肪性食物，防止儿童因摄入过多脂肪而导致肥胖，增加骨骼的负担。此外，培养孩子健康的饮食习惯，让孩子不偏食、厌食，也可避免因钙摄入不足而造成的身材矮小、发育迟缓。

对学龄前的儿童进行肌肉生长点的按摩，可促使骨骼增长，促进包裹骨头的肌肉的蛋白质合成，有助于骨骼与肌肉的生长发育。

鼓励学龄前孩子跳舞、做幼儿体操、多参与户外游戏等，这能加速血液循环，给骨骼组织输送更多的营养物质，使骨骼生长加速，骨质致密。但此时宝宝体力有限，对运动的耐受性差，运动时间、强度、方式等都要适合自己的孩子，不可超量、超时运动。

芝麻拌芋头

◑原料： 芋头300克，熟白芝麻25克

◑调料： 白糖7克，老抽1毫升

◑做法：

1.去皮芋头切开，改切成小块；把切好的芋头装入蒸盘中，待用。

2.蒸锅上火烧开，放入蒸盘；盖上盖，用中火蒸约20分钟，至芋头熟软。

3.揭盖，取出蒸盘，放凉待用。

4.取一个大碗，倒入蒸好的芋头。

5.加入适量白糖、老抽，拌匀，压成泥状；撒上适量白芝麻。

6.搅拌匀，至白糖完全溶化。

7.另取一碗，盛入拌好的材料即可。

专家点评

　　芝麻不仅含钙丰富，且有乌发润发的作用；芋头含有蛋白质、胡萝卜素、B族维生素、维生素C、钙、磷、铁、钾等营养成分，具有增强免疫力、促进消化、增进骨骼发育等功效，适合辅助学龄前期孩子长高食用。

虾丁豆腐

◗ 原料：虾仁65克，豆腐130克，鲜香菇30克，核桃粉50克

◗ 调料：盐3克，水淀粉3毫升，食用油适量

◗ 做法：

1.豆腐切小块；香菇切成粒；虾仁切成丁。

2.将虾肉装入碗中，放盐、水淀粉，抓匀；倒入食用油，腌渍10分钟至入味。

3.锅中注水烧开，加盐、豆腐，煮1分钟，去除酸味。

4.下入香菇，再煮半分钟；捞出，备用。

5.用油起锅，倒入虾肉，炒至转色，放入豆腐和香菇，炒匀。

6.加盐、清水，拌炒匀，放入适量核桃粉；快速拌炒均匀；将炒好的菜肴盛出，装碗即可。

专家点评

虾仁中富含的钙及蛋白质，是促进骨骼生长发育的必需营养素，对防治幼儿佝偻病、使骨骼逐渐钙化有益；豆腐含有丰富的蛋白质、氨基酸及卵磷脂，有益于神经、血管、大脑的发育，两者搭配食用，对幼儿有益智增高的作用。

长高食谱

甜椒紫甘蓝拌木耳

◐ 原料：紫甘蓝120克，彩椒90克，水发木耳40克，蒜末少许

◐ 调料：盐3克，鸡粉2克，白糖3克，陈醋10毫升，芝麻油、食用油各适量

◐ 做法：

1.彩椒切粗丝，紫甘蓝切丝，备用。

2.开水锅中，加盐、食用油，略煮一会儿。

3.倒入木耳，放入彩椒丝；再倒入紫甘蓝，搅拌均匀，煮1分30秒。

4.至全部食材熟软后捞出，沥干水分，待用。

5.将焯煮好的食材装入碗中，撒上蒜末；淋入陈醋，再加盐、鸡粉、白糖。

6.注入芝麻油，搅拌至食材入味。

7.取一个干净的盘子，盛入拌好的菜肴，摆好盘即成。

专家点评

　　紫甘蓝中的维生素E及β-胡萝卜素，是人体重要的抗氧化剂，能够保护身体免受自由基的损伤；木耳中含有较多的纤维素及钙，能促进肠胃蠕动、辅助骨骼发育。两者同食，具有强身健体的作用。

清蒸冬瓜生鱼片

◗ **原料：** 冬瓜400克，生鱼300克，姜
片、葱花各少许

◗ **调料：** 盐、鸡粉各2克，生粉10克，
芝麻油2毫升，胡椒粉、蒸鱼豉油适量

专家点评

◗ **做法：**

1.去皮冬瓜切成片；生鱼肉去骨，切成片。

2.装入碗中，加盐、鸡粉，放入姜片，放入适
量胡椒粉、生粉，拌匀。

3.淋入适量芝麻油，拌匀；把鱼片摆入碗底，
放上冬瓜片，再放上姜片。

4.将装有鱼片、冬瓜的碗放入烧开的蒸锅中。

5.用中火蒸约15分钟，至食材熟透，取出蒸熟
的食材。

6.倒扣入盘里，揭开碗，撒上葱花，浇入蒸鱼
豉油即成。

　　生鱼有很高的营养价值，其含有蛋白质、脂肪、钙、磷、铁及多种维生素，具有
补脾利水、清热祛风、补肝益肾等功效；冬瓜脂肪含量低、热量小，能有效预防儿童肥
胖，减轻骨骼生长的负担。

长高食谱

滑蛋牛肉

◑ 原料：牛肉100克，鸡蛋2个，葱花
少许

◑ 调料：盐4克，水淀粉10毫升，鸡
粉、食粉、生抽、味精、食用油各适量

专家点评

◑ 做法：

1.牛肉切薄片，装入碗中；加食粉、生抽、盐、味精，拌匀；加水淀粉，拌匀。

2.再倒入少许食用油，腌渍10分钟。

3.将鸡蛋打入碗中，加入适量盐、鸡粉、水淀粉，搅匀。

4.热锅注油，烧至五成热，倒入牛肉，滑油至转色；将牛肉捞出备用。

5.把牛肉倒入蛋液中，加葱花，搅匀；锅底留油，烧热；倒入蛋液，煎片刻。

6.快速翻炒匀，至熟透；将其盛出装盘即成。

　　鸡蛋含有丰富的蛋白质、氨基酸、磷脂及维生素D，可提高机体对钙的吸收利用，能促使骨骼钙化；牛肉具有强筋骨、补脾胃、益气血等功效。两者搭配食用，对帮助儿童骨骼生长、预防缺铁性贫血十分有益。

清炒蚝肉

●原料：生蚝肉180克，彩椒40克，姜片、葱段各少许

●调料：料酒4毫升，生抽3毫升，蚝油3克，水淀粉3毫升，食用油适量

专家点评

●做法：

1.彩椒切成小块；锅中注水烧开，倒入彩椒，加入洗净的生蚝肉。

2.搅拌匀，煮半分钟，至其断生；捞出锅中的食材，沥干水分，待用。

3.用油起锅，放入姜片、葱段，爆香。

4.倒入汆过水的生蚝肉、彩椒，拌炒匀。

5.淋入少许料酒，加入适量生抽、蚝油，炒匀调味。

6.倒入适量水淀粉，快速翻炒均匀。

7.将炒好的菜肴盛出，装入盘中即可。

　　生蚝肉富含氨基酸、维生素、牛磺酸、锌、磷、钙等营养成分，尤其是其中的矿物质元素锌和钙，能调节机体新陈代谢、促进骨骼发育、防治厌食、增强免疫力，是促进儿童生长发育的重要营养素。

果汁生鱼卷

● 原料：生鱼肉180克，橙汁40毫升，紫甘蓝35克，火腿45克，胡萝卜40克，水发香菇30克

● 调料：盐3克，鸡粉2克，白糖4克，生粉、水淀粉、食用油各适量

专家点评

● 做法：

1.胡萝卜、火腿、香菇切成丝。

2.将生鱼切片装碗中，加入盐、鸡粉，拌匀；再淋水淀粉，腌渍一会儿，至鱼肉入味。

3.将胡萝卜、香菇、紫甘蓝煮至断生。

4.案台上撒生粉，生鱼片摊平；再放上火腿、胡萝卜、香菇，制成生鱼卷生坯。

5.热锅注油烧热放生坯，炸1分30秒，捞出。

6.用油起锅，注水，加白糖、橙汁，搅匀至白糖溶化；倒水淀粉勾芡，调成稠汁，放鱼卷。

7.取一盘子，盛出食材，摆盘即成。

　　胡萝卜所含的植物纤维吸水性强，可刺激肠道蠕动，有促进消化、增进食欲的作用；生鱼肉中的蛋白质及钙等，是维持骨骼生长发育的重要元素。两者搭配食用，能更好地辅助儿童成长。

长高食谱

白菜豆腐肉丸汤

◀ 原料：肉丸240克，水发木耳55克，白菜100克，豆腐85克，姜片、葱花各少许

◀ 调料：盐1克，鸡粉2克，胡椒粉2克，芝麻油适量

专家点评

◀ 做法：

1.将洗净的白菜切开，再切小块；豆腐切开，再切小方块。

2.砂锅中注入适量清水烧开，倒入肉丸、姜片；放入备好的豆腐、木耳，拌匀。

3.盖上盖，烧开后用小火煮15分钟；揭盖，倒入备好的白菜。

4.加入适量盐、鸡粉、胡椒粉，拌匀，至食材入味。

5.关火后盛出煮好的肉丸汤，装入碗中，淋入少许芝麻油，点缀上葱花即可。

　　豆腐富含蛋白质、维生素、钙、磷、铁等物质，能增进食欲、帮助消化、促使骨骼钙化、帮助儿童长高；搭配同样含钙、铁高的木耳食用，不但对儿童生长发育有益，而且还能预防缺铁性贫血。

长高食谱

奶油鳕鱼

◑原料：鳕鱼肉300克，鸡蛋1个，奶油60克，面粉100克，姜片、葱段各少许

◑调料：盐、胡椒粉各2克，料酒、食用油各适量

专家点评

◑做法：

1.鳕鱼肉放碗中，加盐、料酒；倒入姜片、葱段，撒上胡椒粉，腌渍20分钟，至其入味。
2.在鳕鱼肉上打入蛋清，拌匀，待用。
3.煎锅置于火上，倒入适量食用油，烧热；将腌制的鳕鱼滚上面粉，放入煎锅中，用中小火煎出香味。
4.翻转鱼肉，煎至两面熟透，关火后盛出。
5.煎锅置于火上，倒入奶油，烧至溶化；倒入鱼块，用中火略煎一会儿，至鱼肉入味。
6.关火后盛出煎好的鱼肉即可。

鳕鱼中除了含有丰富的维生素A、维生素D以外，还含有DHA、DPA，能够促进钙的吸收、辅助幼儿的智力发育；鸡蛋含有蛋白质、卵磷脂、卵黄素、铁、磷、钙等元素，对提高幼儿免疫力十分有益，两者同食，能帮助幼儿健康成长。

长高食谱

鸡肉拌南瓜

◀ 原料：鸡胸肉100克，南瓜200克，牛奶80毫升

◀ 调料：盐少许

◀ 做法：

1.将洗净的南瓜切厚片，改切成丁。

2.鸡肉装入碗中，放少许盐，倒入适量清水，拌匀，待用。

3.烧开蒸锅，分别放入装好盘的南瓜、鸡肉。

4.用中火蒸15分钟至熟，取出蒸熟的鸡肉、南瓜，用刀把鸡肉拍散，撕成丝。

5.将鸡肉丝倒入碗中，放入南瓜，加入适量牛奶，拌匀。

6.将拌好的材料盛出，装入盘中。

7.再淋上少许牛奶即可。

专家点评

南瓜含有蛋白质、维生素、叶黄素和磷、钙、锌等营养元素，可调整糖代谢、增强机体免疫力；而鸡肉含有丰富的优质蛋白，是幼儿生长发育的重要物质；两者搭配食用，对辅助幼儿健康成长有益。

奶香红枣黄米粥

◗原料： 红枣20克，水发小米90克，水发大米150克，牛奶200毫升

◗调料： 冰糖30克

◗做法：

1.红枣切开，去核，将红枣肉切成小块。

2.砂锅中注入适量清水烧开，倒入洗净的小米，搅散。

3.再加入备好的大米，搅拌匀；放入切好的红枣肉，拌匀。

4.盖上盖，烧开后用小火煮40分钟，至食材熟透，揭开盖子，加入冰糖。

5.搅拌片刻，煮至冰糖溶化，倒入牛奶，混合均匀，煮沸。

6.关火，将煮好的粥盛入碗中即可。

专家点评

　　牛奶中含有丰富的活性钙，是人类最好的钙源之一，且其中含有的乳糖能促进人体肠壁对钙的吸收，从而调节体内钙的代谢，维持血清钙浓度，促使骨骼钙化；搭配红枣及大米食用，还有益胃健脾、补气养血的功效。

长高食谱

葡萄干柠檬豆浆

◖ 原料： 水发黄豆50克，葡萄干25克，柠檬片20克

◖ 做法：

1. 将已浸泡8小时的黄豆倒入豆浆机中，放入备好的葡萄干、柠檬片。

2. 注入适量清水，至水位线即可。

3. 盖上豆浆机机头，选择"五谷"程序，开始打浆。

4. 待豆浆机运转约15分钟，即成豆浆。

5. 将豆浆机断电，取下机头，把煮好的豆浆倒入滤网，滤取豆浆。

6. 把滤好的豆浆倒入杯中，用汤匙撇去浮沫。

7. 待稍微放凉后即可饮用。

专家点评

　　葡萄干含有蛋白质、葡萄糖、果糖、钙、钾、磷、铁等营养成分，具有补肝益气、开胃生津等功效；柠檬富含维生素C，是天然抗生素，具有抗菌消炎、增强人体免疫力等多种功效，故此道饮品对儿童生长发育有益。

学龄前长高食谱荟萃

关注"掌厨"——更多学龄前长高食谱可在"掌厨"中找到

掌厨 | 全球最大的
视频厨房

荷兰豆炒香菇	萝卜干蜜枣猪蹄汤	番茄炒山药
韭菜黄豆炒牛肉	苹果雪耳瘦肉汤	山药莲子双豆豆浆
西瓜黄桃苹果汁	肉丝魔芋粉丝汤	大头菜小炒香干
陈皮银耳炖乳鸽	红豆鸭汤	鸡蓉拌豆腐
芒果双色果汁	金针菇蔬菜汤	红枣燕麦豆浆
板栗龙骨汤	淡菜海带排骨汤	橄榄油芹菜拌白萝卜
芡实炖老鸭	山药地瓜苹果汁	海带拌腐竹
枸杞羊肉汤	草莓苹果汁	鹌鹑蛋鸡肝汤
马蹄番茄豆浆	金针菇豆腐炖鱼头	西红柿煮口蘑
山药红枣鸡汤	鲇鱼炖菠菜	紫菜生蚝汤
西蓝花番茄豆浆	红枣煮鸡肝	荷包蛋煮黄骨鱼
紫菜虾米猪骨汤	鸡汤肉丸炖白菜	西红柿山药豆浆
红腰豆鲫鱼汤	清拌金针菇	蚕豆瘦肉汤
鸡汤菌菇焖饭	桑葚乌鸡汤	葡萄苹果汁
小墨鱼豆腐汤	丝瓜煮荷包蛋	鲫鱼银丝汤

学龄期孩子的长高食谱

学龄期： 儿童在7～12岁时为学龄期。进入学龄期后，儿童骨骼的生长速率慢慢处于一个平稳缓和的状态，直至青春期到来之前，平均每年会增长5～7厘米。学龄期儿童的骨骼较柔软、富有弹性、韧性好，但特别容易受外力的影响而发生变形，如不正确的坐立姿势、写字姿势、背书包姿势等，都会造成脊椎的变形，影响骨骼发育。因此，这一时期需要特别注意纠正儿童不正确的坐、立、行等姿势。

标准身高

身高(cm) 年龄	男			女		
	−2SD	中位数	+2SD	−2SD	中位数	+2SD
7岁	114.0	124.0	134.3	112.7	122.5	132.7
8岁	119.3	130.0	141.1	117.9	128.5	139.4
9岁	123.9	135.4	147.2	122.6	134.1	145.8
10岁	127.9	140.2	152.7	127.6	140.1	152.8
11岁	132.1	145.3	158.9	133.4	146.6	160.0
12岁	137.2	151.9	166.9	139.5	152.4	165.3

长高小叮咛

　　学龄期孩子，虽然生长进入平稳期，但是由于增加了学业任务，活动量也增大，所以营养的补充不能忽视，尤其是早餐，要品种丰富、营养全面；晚餐宜清淡，忌油腻，以免影响孩子的消化吸收，导致第二天早上食欲不佳。宜多吃含钙高以及富含维生素D的食物，如海鱼、牛奶、猪肉、虾、土豆、苋菜等，为青春期骨骼的迅速生长打下基础。

　　学龄期孩子可接受全身性的、长时间且较为有力的按摩，长期坚持按摩可增高助长的经穴，能刺激骨骼生长。

　　学龄期孩子精力充沛，运动的主动性强，所以家长制订运动计划时，要根据孩子的体能和生长时机合理安排运动时间和强度。尽量不要让孩子超负荷运动；写字、画画、玩耍、作业的时间也不宜过长，以防肌肉或骨骼损伤。

玉米羊肉汤

◑原料：羊肉120克，玉米粒100克，香菜末少许，高汤适量

◑调料：盐2克，鸡粉2克，胡椒粉3克

◑做法：

1.砂锅中注入适量高汤烧开，放入洗净的玉米粒，拌匀。

2.盖上锅盖，煮约10分钟至熟。

3.揭开锅盖，加入适量盐、鸡粉，淋入少许胡椒粉，拌匀调味。

4.放入洗净切片的羊肉，拌匀。

5.盖上盖，焖煮约15分钟至熟。

6.揭盖，撒上香菜末，略煮片刻。

7.关火后盛出煮好的汤料，装入碗中，待稍微放凉后即可食用。

 专家点评

羊肉中含有丰富的蛋白质、钙、铁、维生素D等营养素，可促进钙吸收、提高人体免疫力。此外，玉米含有不饱和脂肪酸、维生素E等营养成分，有助于儿童脑细胞的正常发育。两者搭配食用，对儿童有益智增高的作用。

长高食谱

青豆排骨汤

●原料：青豆120克，玉米棒200克，排骨350克，姜片少许

●调料：盐2克，鸡粉2克，料酒6毫升，胡椒粉少许

●做法：

1.玉米棒切成块；锅中注水烧开，倒入排骨。

2.放入料酒，大火烧开，氽煮1分钟，去除血水；把氽过水的排骨捞出，备用。

3.砂锅中注入适量清水，用大火烧开；倒入氽过水的排骨，放入玉米。

4.倒入洗净的青豆，撒入少许姜片，再加入适量料酒。

5.烧开后用小火炖1小时至熟，放入盐、鸡粉、胡椒粉，拌匀调味。

6.关火后盛出煮好的汤料，装碗即可。

专家点评

　　排骨含有蛋白质、脂肪、维生素、磷酸钙、骨胶原、骨黏蛋白等，能增强骨髓的造血功能，促进骨骼生长发育，搭配富含不饱和脂肪酸和大豆磷脂的青豆，还有益智健脑的作用，适合生长发育期的儿童食用。

花菜汤

◑原料: 花菜160克,骨头汤350毫升

◑做法:

1.锅中注入适量清水烧开。

2.倒入洗好的花菜,搅拌匀,用中火煮约5分钟至其断生。

3.捞出焯煮好的花菜,沥干水分,放凉;将放凉的花菜切碎,备用。

4.锅中注入清水烧开,倒入骨头汤,煮至沸。

5.放入切好的花菜,搅拌均匀。

6.盖上锅盖,烧开后用小火煮约15分钟至其入味,揭开锅盖,搅拌一会儿。

7.关火后盛出煮好的汤料,装入碗中即可。

专家点评

　　花菜含有蛋白质、膳食纤维、维生素A、钙、磷等营养成分,具有清热解渴、增强免疫力等功效;骨头汤中含有的磷酸钙、骨黏蛋白等,能增进骨髓的造血功能,促进骨骼生长。两者搭配,适合处在生长期的儿童食用。

长高食谱

奶香牛骨汤

◆原料： 牛奶250毫升，牛骨600克，香菜20克，姜片少许

◆调料： 料酒、盐、鸡粉各适量

◆做法：

1.洗净的香菜切段，备用。

2.锅中注入适量清水烧开，倒入牛骨，淋入料酒，煮沸后汆去血水。

3.把牛骨捞出，装盘备用。

4.砂锅注入适量清水烧开，放入牛骨，加入姜片，淋入适量料酒。

5.加盖，小火炖2小时至熟；揭开盖子，放盐、鸡粉，调味；倒入牛奶，拌匀，烧开。

6.关火，把煮好的汤料盛入碗中，放上香菜，待稍微放凉后即可食用。

专家点评

　　牛骨含有磷酸钙、碳酸钙、骨胶原等营养成分，是构成骨骼的主要无机盐，能促使骨骼钙化；搭配牛奶食用，能提高钙的吸收利用率、补充儿童成长所需的营养素，对生长发育十分有益。

长高食谱

芦笋鲜蘑菇炒肉丝

◑ 原料：芦笋75克，口蘑60克，猪肉110克，蒜末少许

◑ 调料：盐2克，鸡粉2克，料酒5毫升，水淀粉、食用油各适量

◑ 做法：

1.口蘑、芦笋切成条形；猪肉切成细丝。

2.肉丝装入碗中，加入盐、鸡粉，倒入水淀粉，搅拌均匀，淋入食用油，腌渍10分钟。

3.锅中倒水烧开，加盐、口蘑、食用油，略煮；倒入芦笋，煮约1分钟至其断生，捞出。

4.热锅注油，烧热，肉丝滑油至变色，捞出。

5.锅底留油，倒入蒜末，炒香；倒入焯过水的食材、猪肉丝；加入料酒、盐、鸡粉，炒匀。

6.倒入水淀粉，续炒至食材入味；关火盛出，装碗即可。

 专家点评

芦笋含有蛋白质、维生素、天冬酰胺、硒、钼、铬、锰等营养成分，具有调节机体代谢、增强免疫力等功效；蘑菇富含的蛋白质，是构成机体细胞的主要营养素，能够辅助骨骼的生长发育，帮助儿童健康成长。

长高食谱

小米香豆蛋饼

◗原料：面粉150克，鸡蛋2个，水发黄豆100克，四季豆70克，水发小米50克

◗调料：泡打粉2克，盐3克，食用油适量

◗做法：

1.四季豆切碎；黄豆剁成细末。

2.开水锅中，加盐、四季豆，注食用油，煮至其八成熟；捞出四季豆，沥干水分，待用。

3.鸡蛋中放四季豆、小米、黄豆、泡打粉、盐、面粉；搅拌，制成面糊，静置10分钟。

4.注入食用油，搅拌使面糊纯滑；煎锅中注食用油，烧热后转用小火。

5.倒入面糊，铺匀；略煎至面糊呈饼状，至散出焦香味，翻转面糊，煎至两面呈金黄色。

6.关火后盛出蛋饼，食用时分成小块即可。

专家点评

　　黄豆含有人体必需的多种氨基酸，尤以赖氨酸含量最高，有促进大脑发育、增高助长的作用；鸡蛋中含有维生素D，能促进钙吸收，使骨骼逐渐钙化。两者搭配食用，可促使儿童长更高。

虾仁四季豆

◐ 原料：四季豆200克，虾仁70克，姜片、蒜末、葱白各少许

◐ 调料：盐4克，鸡粉3克，料酒4毫升，水淀粉、食用油各适量

◐ 做法：

1.四季豆切成段；虾仁去除虾线。

2.虾仁装入碗中，放入盐、鸡粉、水淀粉，抓匀；倒入食用油，腌渍10分钟至入味。

3.锅中注水烧开，加食用油、盐，倒入四季豆，焯煮2分钟至其断生，捞出，备用。

4.用油起锅，放入姜片、蒜末、葱白、虾仁，炒匀；放四季豆、料酒，炒香。

5.加入适量盐、鸡粉，炒匀调味；倒入适量水淀粉，拌炒均匀。

6.将炒好的菜盛出，装盘即可。

专家点评

虾仁营养丰富，是人体蛋白质的优质来源，且特别易被人体吸收；其含有的钙、钾、镁、磷等矿物质及维生素A、氨茶碱等成分，对儿童的骨骼发育、智力发育、神经系统发育都有一定作用。

长高食谱

鱼丸炖鲜蔬

◐ 原料：草鱼300克，上海青80克，鲜香菇45克，胡萝卜70克，姜片少许

◐ 调料：盐3克，鸡粉4克，胡椒粉、水淀粉、食用油各适量

◐ 做法：

1. 香菇切成片，去皮胡萝卜切成片，上海青对半切开；草鱼去皮，去骨，剁成泥。

2. 将鱼肉泥装入碗中，加盐、鸡粉、胡椒粉，顺一个方向搅至起浆；倒入水淀粉，搅匀。

3. 锅中注水烧开，把鱼肉泥制成鱼丸，放入锅中，煮约2分钟至鱼丸浮在水面上，捞出。

4. 另起锅，注水烧热，放入姜片、胡萝卜、上海青、香菇、盐、鸡粉，调味。

5. 放入鱼丸，用大火煮沸。

6. 关火后将汤料盛出，装碗即成。

专家点评

　　草鱼含有不饱和脂肪酸、蛋白质、维生素、核酸和锌等，儿童常食有增强体质的作用；香菇含有维生素D原，能促进钙、磷的消化吸收，有助于儿童骨骼和牙齿的发育，预防小儿佝偻病。

长高食谱

红枣板栗焖兔肉

◑ 原料：兔肉块230克，板栗肉80克，红枣15克，姜片、葱条各少许

◑ 调料：料酒7毫升，盐、鸡粉2克，胡椒粉3克，芝麻油3毫升，水淀粉10毫升

◑ 做法：

1.锅中注水烧开，倒入兔肉块，用大火汆去血水；淋料酒，放姜片、葱条，略煮，捞出。

2.用油起锅，放入兔肉块，炒匀；倒入姜片、葱条，爆香；淋入少许料酒，炒匀。

3.注入适量清水，倒入备好的红枣、板栗肉；烧开后用小火焖约40分钟。

4.加入少许盐，拌匀；用中小火焖约15分钟。

5.加入鸡粉、胡椒粉、芝麻油，转大火收汁，用水淀粉勾芡。

6.关火后盛出焖煮好的菜肴即可。

专家点评

　　兔肉中含有优质蛋白及维生素D；蛋白质是儿童时期骨骼发育、肌肉增长的必要营养素，维生素D能促进体内钙的吸收利用；搭配板栗及红枣食用，具有强筋健骨、益气补血、健脾和胃等功效，适合生长期的儿童食用。

长高食谱

鱼蓉瘦肉粥

◑原料：鱼肉200克，猪肉120克，核桃仁20克，水发大米85克

◑做法：

1.蒸锅上火烧开，放入备好的鱼肉。

2.烧开后用中火蒸15分钟；取出鱼肉，待用。

3.将核桃仁拍碎，切成碎末；猪肉切片，再切成丁，剁成碎末。

4.将放凉的鱼肉压碎，去除鱼刺，备用。

5.砂锅中注水烧热，倒入猪肉、核桃仁，用大火煮沸；撇去浮沫，放入鱼肉、大米，拌匀。

6.烧开后用小火煮约30分钟至食材熟透，搅拌均匀。

7.关火后盛出煮好的粥即可。

专家点评

鱼肉中丰富的优质蛋白及人体必需氨基酸，对提高人体免疫力、促进骨骼发育等有益。猪肉具有补虚强身、滋阴润燥、增强免疫力等功效。两者搭配食用，能促进儿童生长发育，预防小儿佝偻病。

糙米牛肉粥

◖原料：水发米碎70克，牛肉末55克，白菜75克，雪梨60克，洋葱30克，糙米碎50克，白芝麻少许

◖调料：芝麻油适量

专家点评

◖做法：

1.白菜切细丝，再切碎末；洋葱切条，再切成粒；去皮的雪梨去核，切成末。

2.牛肉末中，放洋葱、雪梨、白芝麻拌匀，淋入芝麻油，腌渍约10分钟，备用。

3.砂锅置于火上，倒芝麻油、牛肉，炒匀、炒香；注入适量清水，放入米碎，搅拌均匀。

4.烧开后用小火煮约20分钟至熟，倒入糙米碎拌匀，再倒入白菜拌匀。

5.用小火续煮约10分钟至熟，搅拌均匀。

6.关火后盛出煮好的牛肉粥即可。

牛肉含有蛋白质、牛磺酸、维生素A、钙、磷、钾、钠等营养成分，具有补脾胃、益气血、强筋骨等功效，尤其是其中的维生素A，能促进骨骼及牙齿的生长；搭配糙米食用，还能提高儿童的抗病能力。

牛奶面包粥

◖原料： 面包55克，牛奶120毫升

◖做法：

1.将备好的面包切细条形，再切成丁，装入碗中，待用。

2.砂锅中注入适量清水，用大火烧开，倒入备好的牛奶。

3.待牛奶煮沸后倒入切好的面包丁，搅拌匀，煮至变软。

4.关火后盛出煮好的面包粥。

5.待稍微放凉后即可食用。

专家点评

牛奶含有蛋白质、乳糖、维生素D、钙、磷、铁、锌、铜、锰等营养成分，尤其是其中的乳糖和维生素D，能促进钙的吸收利用，有强健骨骼、增强身体免疫力、促进智力发育等功效。

学龄期长高食谱荟萃

关注"掌厨"——更多学龄期长高食谱可在"掌厨"中找到

掌厨 全球最大的视频厨房

▶ 红枣枸杞炖鹌鹑	▶ 海米拌三脆	▶ 青橄榄鸡汤
▶ 豆腐猪血炖白菜	▶ 上海青拌海米	▶ 山药枸杞兔骨汤
▶ 橄榄白萝卜排骨汤	▶ 雪梨莲子豆浆	▶ 菌菇豆腐汤
▶ 苹果炖鱼	▶ 紫甘蓝拌海蜇丝	▶ 蚝油草菇炒牛柳
▶ 芦笋山药豆浆	▶ 黄瓜拌玉米笋	▶ 鸡肉包菜汤
▶ 红烧牛肉汤	▶ 杏仁西芹炒虾仁	▶ 淮山鳝鱼汤
▶ 牛奶花生核桃豆浆	▶ 陈皮炒河虾	▶ 西葫芦炒肚片
▶ 芹菜苹果汁	▶ 桃子苹果汁	▶ 生蚝汤
▶ 鲢鱼丝瓜汤	▶ 松仁黑豆豆浆	▶ 海蜇黄瓜拌鸡丝
▶ 桂圆花生豆浆	▶ 西蓝花炒鸡脆骨	▶ 凉拌五色蔬
▶ 黄豆薏米木耳汤	▶ 香菜炒羊肉	▶ 洋葱猪肝炒面
▶ 虾干拌胡萝卜	▶ 猕猴桃菠萝苹果汁	▶ 黄瓜苹果汁
▶ 清炖牛肉汤	▶ 西红柿炖鲫鱼	▶ 黄豆黑米豆浆
▶ 紫甘蓝芒果汁	▶ 燕窝炖鹌鹑蛋	▶ 南瓜清炖牛肉
▶ 胡萝卜板栗排骨汤	▶ 鹅肝炖土豆	▶ 生蚝夏南瓜汤

青春期孩子的长高食谱

青春期：青春期是儿童逐渐发育成为成人的过渡期，是继婴儿期之后人体生长发育的第二个高峰期。尤其是骨骼的发育，可以用"飞速生长"这四个字来概括。长骨在生长最快的月份里，可以长5厘米；有的孩子一年能长10厘米，快的甚至可以长20厘米。这一时期身高增长可以说决定了孩子未来的身高，压力过大、营养不良、营养过剩、运动不当……都可能阻碍孩子长高，家长要密切关注孩子的变化，让孩子在轻松愉快的环境中快乐成长。

标准身高

身高(cm) 年龄	男			女		
	-2SD	中位数	+2SD	-2SD	中位数	+2SD
13岁	144.0	159.5	175.1	144.2	156.3	168.3
14岁	151.5	165.9	180.2	147.2	158.6	169.9
15岁	156.7	169.8	182.8	148.8	159.8	170.8
16岁	159.1	171.6	184.0	149.2	160.1	171.0
17岁	160.1	172.3	184.5	149.5	160.3	171.0
18岁	160.5	172.7	184.7	149.8	160.6	171.3

长高小叮咛

　　由于男孩与女孩生理上的差异，青春期的女孩子，身体会出现脂肪堆积的生理特征，因此女孩的饮食最好供给含有适量脂肪、高蛋白、高维生素以及适量纤维素的食物；男孩的饮食可多补充脂肪类食物，但是每天摄入的脂肪食物总量不能超过淀粉食物总量，且与富含蛋白质的食物比例相当，维生素和纤维素的食物量也应增加。同时，应防止孩子过量摄入滋补品或者高脂肪食品，避免骨骺线提前闭合。

　　此时期对孩子施以正脊推拿法，能改变脊椎的变形，让脊椎恢复原有的位置，矫正变形骨骼，最终达到促进长高的目的。

　　青春期是孩子快速生长的第二个时期，孩子应多做有氧运动，从而长得快、长得高。但过度的运动会使孩子的肌肉因过度伸展而失去弹性，反而限制孩子的生长。

木耳烩豆腐

◐ 原料：豆腐200克，木耳50克，蒜末、葱花各少许

◐ 调料：盐3克，鸡粉2克，生抽、老抽、料酒、水淀粉、食用油各适量

◐ 做法：

1.豆腐切成条，切小方块；木耳切小块。

2.开水锅中，加盐、豆腐块，煮1分钟。

3.把木耳倒入沸水锅中，煮半分钟，捞出。

4.用油起锅，放入蒜末，爆香；倒入木耳，炒匀，淋入适量料酒，炒香。

5.加入少许清水，放入适量生抽；加入适量盐、鸡粉；淋入少许老抽，拌匀煮沸。

6.放入焯煮过的豆腐，搅匀，煮2分钟至熟；倒入适量水淀粉勾芡。

7.盛出食材，装入碗中，撒入少许葱花即可。

专家点评

　　此道膳食中的木耳及豆腐都是含钙较高的食物，可促进骨骼钙化，减缓骨骺线闭合的速度，辅助青春期孩子长高；且木耳中还含有丰富的铁元素，可预防缺铁性贫血，对青春期孩子的生长发育有辅助作用。

长高食谱

沙茶墨鱼面

◗ **原料：** 油面170克，墨鱼肉75克，黄瓜45克，胡萝卜50克，红椒10克，蒜末少许，柴鱼片汤450毫升

◗ **调料：** 沙茶酱12克，生抽5毫升，水淀粉、食用油各适量

◗ **做法：**

1. 去皮胡萝卜切薄片，黄瓜切薄片，红椒切圈；墨鱼肉切上花刀，再切小块。
2. 热水锅中，倒入墨鱼，汆去腥味，捞出。
3. 锅中注水烧开，倒入油面，用中火煮约5分钟，至其熟透，捞出。
4. 油起锅，放蒜、墨鱼、沙茶酱、柴鱼片汤。
5. 倒入胡萝卜片，大火煮片刻，放红椒圈，煮沸，撇去浮沫，用水淀粉勾芡。
6. 加生抽，制成汤料；取一个汤碗，放入煮熟的面条，盛入锅中的汤料，撒上黄瓜片即成。

专家点评

胡萝卜含有胡萝卜素、葡萄糖、钾、钙、磷等营养成分，具有促进发育、保护视力、增强免疫力等功效；墨鱼是一种典型的高蛋白、低脂肪食物，青春期的孩子食用不易造成肥胖，不会增加骨骼的生长负担。

枸杞黑豆煲猪骨

◀ 原料： 猪排骨400克，水发黑豆100克，红枣30克，枸杞10克，姜片15克，葱花少许

◀ 调料： 料酒10毫升，盐、鸡粉各2克

专家点评

◀ 做法：

1.锅中注水烧热，放入备好的排骨，搅散，氽去血水，捞出，待用。

2.砂锅中注水烧开，放入焯煮的排骨。

3.加入黑豆、红枣、姜片、枸杞。

4.淋入料酒，搅拌匀。

5.盖上盖，烧开后用小火煮30分钟。

6.揭开盖，放入适量盐、鸡粉。

7.用勺拌匀，略煮片刻使猪骨汤更入味。

8.关火后盛出煮好的汤料，装入碗中，放上葱花即可。

　　排骨含有磷酸钙、骨胶原、骨黏蛋白等，能增强骨髓造血功能、补充身体快速生长所需的营养物质，辅助骨骼生长发育；搭配枸杞、黑豆、红枣食用，还有益气补血、养肝明目的功效，对预防青少年近视有益。

软熘虾仁腰花

● 原料：虾仁80克，猪腰140克，枸杞3克，姜片、蒜末、葱段各少许

● 调料：盐3克，鸡粉4克，料酒、水淀粉、食用油各适量

● 做法：

1. 将虾仁虾线挑去；猪腰切去筋膜，切成片。
2. 把猪腰装入碗中，加盐、鸡粉、料酒，抓匀；倒入水淀粉抓匀，腌渍10分钟至入味。
3. 虾仁装入碗中，加盐、鸡粉、料酒、水淀粉，注入食用油，腌渍10分钟至入味。
4. 开水锅中，倒入猪腰，汆至转色，捞出。
5. 用油起锅，放入姜片、蒜末、葱段，爆香；倒虾仁、猪腰、料酒、盐、鸡粉、水，调味。
6. 倒入水淀粉勾芡，放入枸杞，拌炒均匀。
7. 将炒好的材料盛出，装入盘中即成。

专家点评

　　猪腰含锌丰富，能够调节机体新陈代谢，维持各项身体功能的正常运转；虾仁含有蛋白质、钙、碘及维生素A等营养成分，能促进孩子骨骼、牙齿的生长发育；两者搭配食用，能改善儿童缺钙、厌食、异食等现象。

肉末包菜

◖原料： 包菜200克，肉末70克，姜末、蒜末各少许

◖调料： 盐3克，鸡粉2克，料酒、生抽2毫升，水淀粉3毫升，食用油适量

 专家点评

◖做法：

1.包菜切成小块，装入盘中待用。

2.锅中注水烧开，放入食用油，加盐，倒入包菜，搅匀，煮2分钟至熟，捞出，待用。

3.用油起锅，倒入肉末，炒至转色；淋入料酒，炒香；放入生抽，炒匀；倒入姜末、蒜末，炒匀。

4.放入焯煮好的包菜，翻炒均匀；倒入少许清水，翻炒片刻；放入盐、鸡粉，炒匀调味。

5.用大火收汁，倒入水淀粉；拌炒匀至入味。

6.关火，将炒好的菜盛出，装入碗中即可。

包菜含有丰富的维生素A、钙和磷，能促进骨骼的发育；猪肉中的蛋白质是构成及修补人体肌肉、骨骼及各部位组织的基本物质，其中的维生素D，能促进钙吸收；故此道膳食对延缓青春期孩子的骨骺线闭合有益。

西蓝花炒鸡片

●原料： 西蓝花200克，鸡胸肉100克，胡萝卜50克，姜片、蒜末、葱白各少许

●调料： 盐8克，鸡粉4克，料酒5毫升，水淀粉、食用油各适量

●做法：

1.西蓝花切成小朵，胡萝卜、鸡胸肉切成片。

2.鸡肉片中加调料，腌渍5分钟。

3.锅中注水烧开，放食用油、盐、胡萝卜、西蓝花，煮至断生，捞出。

4.用油起锅，放入胡萝卜片、姜片、蒜末、葱白、肉片、料酒，炒匀提味。

5.注入少量的清水，加盐、鸡粉调味，倒入水淀粉，快速炒匀勾芡，关火待用。

6.取来煮熟的西蓝花，摆放在盘中；盛出锅中炒熟的食材，装盘即成。

专家点评

　　西蓝花中含有的维生素A是维持骨骼正常发育的必要营养素之一；鸡胸肉富含优质蛋白、维生素E等，其很容易被人体吸收利用。两者搭配食用，对青春期的孩子有增强体力、强壮身体的作用。

橄榄菜蒸鲈鱼

◖ 原料：鲈鱼块185克，橄榄菜40克，姜末、葱花各少许

◖ 调料：盐、鸡粉各2克，生粉10克，生抽4毫升，食用油少许

◖ 做法：

1.把鲈鱼块装在碗中，撒上姜末，放入盐、生抽、鸡粉，拌匀。

2.再撒上生粉，涂抹均匀；腌渍约15分钟，去除鱼腥味。

3.取一个干净的盘子，摆放上腌好的鲈鱼块；再撒上备好的橄榄菜。

4.蒸锅上火烧开，放入装有鲈鱼的盘子。

5.用大火蒸约8分钟至食材熟透，取出蒸好的食材。

6.撒上葱花，最后淋上少许食用油即可。

专家点评

　　鲈鱼营养价值极高，富含蛋白质、维生素A、B族维生素、镁、锌、硒等营养元素，有益脾胃、化痰止咳的作用。此外，鲈鱼所含的钙质也较多，青春期孩子食用鲈鱼，对骨骼的发育有很大帮助。

长高食谱

杂酱莴笋丝

◗ 原料：莴笋120克，肉末65克，水发香菇45克，熟蛋黄25克，姜片、蒜末、葱段各少许

◗ 调料：盐3克，鸡粉少许，料酒3毫升，生抽4毫升，食用油适量

◗ 做法：

1.香菇切细丁，去皮莴笋切细丝。

2.煎锅置火上，淋入食用油烧热，倒入肉末，用中火快炒至其转色，淋入料酒，炒匀炒透。

3.倒入姜片、蒜末、葱段、香菇丁，炒香；注入清水，略煮，淋生抽，加盐、鸡粉，炒匀。

4.关火后盛出材料，装在盘中，制成酱菜。

5.用油起锅，倒入莴笋丝，炒匀，至其变软；加盐、鸡粉，快炒至食材入味。

6.关火盛出，装盘；再盛入酱菜，点缀熟蛋黄即成。

专家点评

香菇及蛋黄中都含有维生素D原，能促进钙吸收；莴笋含有蛋白质、核黄素、维生素E以及钙、铁、锰、锌等营养成分，有促进骨骼正常发育、增强人体免疫力等作用，适合青春期快速生长的孩子食用。

长高食谱

西红柿烧排骨

◗ 原料：西红柿90克，排骨350克，蒜末、葱花各少许

◗ 调料：盐2克，白糖5克，番茄酱10克，生抽、料酒、水淀粉、食用油适量

专家点评

◗ 做法：

1.将洗净的西红柿切成小块。

2.开水锅中，放排骨、料酒，氽去血水。

3.用油起锅，放入蒜末，爆香；倒入排骨、料酒、生抽，拌炒匀。

4.注入适量清水，放入番茄酱、盐、白糖，炒匀调味。

5.小火焖煮15分钟至熟透；放入西红柿，拌匀。

6.用小火焖煮3分钟至熟；用大火收汁，倒入水淀粉；快速拌炒均匀。

7.将材料盛出，装入盘中，撒上葱花即可。

　　西红柿能增加胃液酸度，调整胃肠功能，帮助消化、增进食欲；猪排骨含有蛋白质、磷酸钙、骨胶原、骨黏蛋白等，能使骨骼逐渐钙化、延缓骨骺线闭合。两者搭配食用，不仅能帮助孩子长高，还能预防因厌食、偏食造成的营养不良。

脱脂奶麦片粥

◖**原料：**燕麦片45克，脱脂牛奶300毫升

◖**做法：**

1.汤锅置于火上，倒入备好的牛奶，拌匀，略煮一会儿。

2.撒上燕麦片，拌匀。

3.盖上锅盖，改用小火续煮约5分钟，至麦片变软。

4.关火后揭盖，盛出煮好的麦片粥。

5.装入碗中，待稍凉后即可食用。

专家点评

　　燕麦中含有的钙、磷、铁、锌等矿物质有促使骨骼钙化的作用；而牛奶中富含的钙、维生素D、乳糖及人体生长发育所需的全部氨基酸，能促进钙吸收、增强机体免疫力，对青春期孩子的生长发育有益。

紫米糊

● 原料：胡萝卜100克，粳米80克，紫米70克，核桃粉15克，枸杞5克

● 做法：

1. 取榨汁机，倒入洗好的粳米、紫米。

2. 扣紧盖子，通电后选择"干磨"功能，制成米粉；断电后倒出米粉，放在盘中，待用。

3. 去皮胡萝卜切开，再切细丝，改切成小颗粒状。

4. 汤锅中注入适量清水烧开，放入胡萝卜粒。

5. 煮沸后小火煮约3分钟至熟软，倒入米粉，用大火煮沸，再撒上枸杞，用小火煮一会，即成米糊。

6. 关火后盛出锅中的食材，放在碗中，撒上核桃粉即成。

专家点评

　　胡萝卜中的胡萝卜素转化成的维生素A，是骨骼正常生长发育的必需物质；紫米的含钙量较粳米的高，经常食用紫米，能保证体内钙质代谢平衡，能强健骨骼、防止青春期孩子的骨骺线提前闭合。

长高食谱

海带黄豆猪蹄汤

◖ 原料：猪蹄500克，水发黄豆100克，海带80克，姜片40克

◖ 调料：盐、鸡粉各2克，胡椒粉少许，料酒6毫升，白醋15毫升

专家点评

◖ 做法：

1. 猪蹄对半切开，斩成小块；海带切小块。

2. 锅中注水烧热，放入猪蹄块，淋白醋，大火煮一会儿，捞出。

3. 再放入海带，煮约半分钟，捞出，备用。

4. 砂锅中注水烧开，放入备好的姜片、黄豆、猪蹄，搅匀。

5. 放入焯煮好的海带，淋入料酒。

6. 煮沸后小火煲煮约1小时至熟透；加鸡粉、盐，搅拌；撒胡椒粉，再煮至汤汁入味。

7. 关火后取下砂锅即可。

猪蹄中含有丰富的胶原蛋白，被称为"骨骼中的骨骼"，是构成肌腱、韧带及结缔组织的主要成分，特别适合青春期的孩子食用；且搭配富含优质蛋白的黄豆食用，能为青春期孩子快速成长提供充足的营养，促进生长发育。

青春期长高食谱荟萃

关注"掌厨"——更多青春期长高食谱可在"掌厨"中找到

掌厨 | 全球最大的视频厨房

▶ 鸭肝豌豆苗汤	▶ 蛤蜊炒毛豆	▶ 茭白木耳炒鸭蛋
▶ 双菇蛤蜊汤	▶ 萝卜豆腐炖羊肉汤	▶ 韭黄炒牡蛎
▶ 凉瓜赤小豆排骨汤	▶ 大白菜煮牛肉	▶ 白果桂圆炒虾仁
▶ 鲜奶猪蹄汤	▶ 猴头菇炖排骨	▶ 小米豌豆豆浆
▶ 鲜榨苹果汁	▶ 豌豆炒牛肉粒	▶ 松仁炒羊肉
▶ 杏仁大米豆浆	▶ 蛤蜊豆腐炖海带	▶ 韭菜炒猪血
▶ 萝卜炖鱼块	▶ 鸭肉炒菌菇	▶ 香蕉豆浆
▶ 苦瓜苹果汁	▶ 黑豆百合豆浆	▶ 丝瓜炒蟹棒
▶ 牛奶黑芝麻豆浆	▶ 香菇炖猪蹄	▶ 西瓜翠衣炒虾米
▶ 青萝卜炖鸭	▶ 马蹄炖排骨	▶ 虾米炒秋葵
▶ 香芋燕麦豆浆	▶ 雪菜虾仁炒饭	▶ 香蕉草莓豆浆
▶ 慈姑炒藕片	▶ 西红柿土豆炖牛肉	▶ 木耳黄花菜炒肉丝
▶ 紫薯米豆浆	▶ 胡萝卜炒牛肉	▶ 黄花菜炖乳鸽
▶ 鸭胗炒上海青	▶ 红枣莲藕炖排骨	▶ 水煮鳝鱼
▶ 蘑菇炖生鱼	▶ 丝瓜香菇鸡片汤	▶ 枸杞葡萄干豆浆

妈妈必修课

　　万物的生长和更替与大自然息息相关，而孩子的成长同样受到大自然的影响。"春生夏长、秋收冬藏"，每个季节气候特征不一样，孩子的生长速度也各不相同。在不同的时节，合理安排孩子的饮食，都能为孩子长高添动力。每个季节，孩子身高增长到底有何特点？如何选择膳食，让孩子不错过长高的每一个关键期？下面就为您一一揭晓。

PART 4

儿童四季长高
精致美食

儿童春季长高美食

春季，儿童长高正当时

春季人体新陈代谢旺盛，血液循环加快，内分泌激素尤其是生长激素分泌增多，为正处于生长发育期的儿童创造了"黄金条件"。据世界卫生组织的一项研究表明，儿童在春季长得最快。

同时，春季阳光中的紫外线含量是所有季节中最高的。紫外线对儿童骨骼的生长发育十分有益，因为无论是从食物中摄取的维生素D原，还是人体皮肤组织中的7-脱氢胆固醇，只有经过紫外线的照射才能转化为维生素D，满足人体的需求，促进骨骼发育。同时，维生素D还能促进胃肠道对钙、磷的吸收，为骨骼的生长发育提供充足的钙、磷。

饮食指导

作为父母，需要根据孩子的年龄特点，为其准备丰富多样的食物，并做到色、香、味俱全，以增进孩子的食欲。

春季孩子生长除了需要充足的蛋白质外，补钙也很关键。家长可适当给孩子吃一些奶制品、豆制品、虾皮、芝麻和海产品等含钙量高的食物。维生素也不可少，给孩子适量补充维生素D、维生素C以及维生素A，能促进钙的吸收，从而为骨骼生长提供原料。

此外，春季给孩子补充适量的不饱和脂肪酸，也对孩子的生长发育有益。

增高秘籍

秘籍一：充足的睡眠

生长激素在夜间人体进入深睡眠时分泌达高峰，深睡眠时间越长，生长激素分泌量越多，孩子越容易长高。因此，建议孩子尽量在20：30前入睡，最迟也不要超过21：30。一般，睡眠时间保证在9~10小时为佳，但由于不同年龄段孩子需要的睡眠时间不一样，父母应根据孩子的年龄来确定适宜的睡眠时间。此外，提高孩子的睡眠质量也很重要。

秘籍二：适量的运动

随着气温增高，天气变暖，增加孩子室外活动的时间，可以提高身体对钙的吸收，增强免疫力。春季，可以多选择轻松活泼、自由伸展和开放性的运动项目，婴幼儿可做主动或被动体操，学龄儿童可做向上跳的运动，如跳跃、投篮、引体向上等。注意不要长期过量超负荷运动，以免造成软骨损伤或肌肉劳损，阻碍正常的生长发育。

长高食谱

葡萄干果粥

◗原料：泡发大米30克，松仁20克，葡萄干15克

◗调料：冰糖30克

专家点评

◗做法：

1.锅中倒入约800毫升的清水，盖上盖，将水烧开。

2.揭开锅盖，向锅中倒入泡发好的大米，放入松仁和洗净的葡萄干。

3.盖上锅盖，烧开后转小火煮约15分钟。

4.揭开盖，用锅勺搅拌几下，防止粘锅。

5.盖上盖，继续煮约25分钟至汤汁成奶白色。

6.揭盖，将冰糖倒入锅中，轻搅片刻，继续煮约2分钟至冰糖完全溶化。

7.关火，将煮好的甜粥盛出即可。

松仁富含蛋白质、钙、磷、铁等营养素，且多为不饱和脂肪酸；葡萄干营养丰富，具有健脾和胃、助消化的功效。此道膳食可增进小儿食欲，减缓骨骺线闭合的速度，并对儿童生长发育有一定帮助。

长高食谱

营养糯米饭

◑ 原料：板栗肉150克，胡萝卜100克，香菇35克，豌豆50克，水发糯米170克，大米150克，高汤300毫升

◑ 做法：

1. 洗净的香菇切丝，改切成小丁块。
2. 洗好去皮的胡萝卜切成粒。
3. 洗净的板栗肉切去头尾，再切成丁，备用。
4. 砂锅中注入适量清水烧热，倒入高汤，用大火煮一会儿，倒入洗净的大米、糯米。
5. 再依次倒入备好的豌豆、香菇、胡萝卜、板栗肉，拌匀。
6. 盖上锅盖，烧开后转小火煮约40分钟至熟。
7. 揭盖，搅拌几下，用中火略煮一会儿。
8. 关火后盛出煮好的糯米饭即可。

专家点评

　　胡萝卜中富含的维生素A是骨骼正常生长发育的必需物质，可促进儿童生长发育；板栗营养丰富，具有养胃健脾、强筋健骨的功效；豌豆含有赤霉素和植物凝素，具有促进儿童新陈代谢的作用。

玉米山药粥

◗ 原料：山药90克，玉米粉100克

◗ 做法：

1. 将去皮洗净的山药切成条，再切成小块，装入碗中，备用。
2. 取一小碗，放入备好的玉米粉，倒入适量清水，边倒边搅拌，至米粉完全融化，制成玉米糊，待用。
3. 砂锅中注入适量清水烧开，放入山药丁。
4. 搅拌匀，倒入调好的玉米糊，边倒边搅拌。
5. 用中火煮约3分钟，至食材熟透。
6. 关火后，盛出煮好的山药米糊，装在备好的碗中即成。

专家点评

　　玉米粉营养丰富，含有丰富的钙和维生素，是非常健康的粗粮；与山药搭配熬制成粥，易于消化吸收，具有保护视力、补益气血的功效，非常适合成长期儿童食用。

山楂葛粉蛋糊

◖原料：山楂90克，鸡蛋50克，葛根粉40克，淮山片20克，麦芽15克

◖调料：盐少许

◖做法：

1.洗净的山楂切小块，洗净的淮山片切小段。

2.鸡蛋打散、调匀，制成蛋液。

3.砂锅中注水烧开，倒入山楂、淮山，撒上洗净的麦芽，烧开后小火煮约15分钟，至材料析出有效成分。

4.揭盖，捞出锅中的材料，加盐调味。

5.再倒入葛根粉，用中火拌煮至材料呈糊状。

6.倒入蛋液，边倒边搅拌，续煮片刻至液面浮现蛋花。

7.关火后盛出煮好的蛋糊即成。

专家点评

山楂含钙量高，儿童常食能增强食欲，保持骨骼和血液中钙的恒定，为骨骼生长提供充足的钙；葛根粉含多种人体所需的氨基酸和矿物质，其中钙、锌、磷含量尤为丰富，儿童可经常食用。

长高食谱

菠萝炒鱼片

◑原料： 菠萝肉75克，草鱼肉150克，红椒25克，姜片、蒜末、葱段各少许

◑调料： 豆瓣酱7克，盐2克，鸡粉2克，料酒、水淀粉、食用油各适量

专家点评

◑做法：

1.菠萝肉去除硬芯，切片；红椒去籽，切块。

2.草鱼肉切片，加盐、食用油、鸡粉、水淀粉，拌匀，腌渍10分钟至入味。

3.热锅注油，烧至五成热，放鱼片，拌匀。

4.滑油至断生，捞出，沥干油，待用。

5.用油起锅，放姜片、蒜末、葱段，爆香。

6.倒入红椒块、菠萝肉，快速炒匀。

7.倒入鱼片，加盐、鸡粉、豆瓣酱，淋料酒、水淀粉。

8.中火翻炒至入味，盛出即可。

　　菠萝中除含有丰富的蛋白质、钙、铁等营养素外，还含有较多的维生素B_1，具有生津止渴、助消化的功效，可增进儿童食欲；鱼肉富含不饱和脂肪酸，对孩子的大脑发育有很好的作用。

玉竹烧胡萝卜

● 原料：胡萝卜85克，高汤300毫升，玉竹少许

● 调料：盐、鸡粉各2克，食用油适量

● 做法：

1.将洗好的玉竹切成小段。

2.洗净去皮的胡萝卜切片，再切条形，用斜刀切块，备用。

3.用油起锅，倒入切好的胡萝卜，炒匀炒香。

4.注入适量高汤，倒入玉竹，搅匀。

5.盖上盖，烧开后用小火煮约10分钟至全部食材熟透。

6.揭开盖，加入少许盐、鸡粉。

7.炒匀调味，用大火收汁，至汤汁收浓。

8.关火后盛出锅中的菜肴即可。

专家点评

胡萝卜含有丰富的β-胡萝卜素，在人体内可转化为维生素A，能有效改善眼睛疲劳、干涩。此外，这种物质还是骨骼正常生长的必需物质，对促进儿童生长发育，特别是对儿童身高增长具有重要作用。

长高食谱

蜂蜜蛋花汤

◐原料：鸡蛋2个，蜂蜜少许

◐做法：

1.将鸡蛋打入碗中，用筷子搅散，调成蛋液，待用。

2.锅中注入适量清水烧开，倒入制好的蛋液，边倒边搅拌。

3.用大火略煮一会儿，至液面浮现蛋花，倒入备好的蜂蜜。

4.用勺搅拌均匀，至其溶入汤汁中。

5.关火后盛出煮好的蛋花汤，装入碗中，待稍稍放凉后即可食用。

专家点评

　　蜂蜜营养丰富，易被人体吸收，适合生长发育期的儿童食用；鸡蛋黄中所含的卵磷脂、三酰甘油、胆固醇和卵黄素，对人体神经系统和身体发育有很大帮助，可提高机体免疫力，同时促进儿童智力发育。

长高食谱

红枣白萝卜猪蹄汤

●**原料**：白萝卜200克，猪蹄400克，红枣20克，姜片少许

●**调料**：盐2克，鸡粉2克，料酒16毫升，胡椒粉2克

●**做法**：

1.洗好去皮的白萝卜切开，再切成小块。

2.锅中注水烧开，倒入洗好的猪蹄。

3.淋适量料酒，拌匀，煮至沸，捞出，待用。

4.砂锅中注水烧开，倒入猪蹄、红枣、姜片，淋料酒，拌匀。

5.烧开后用小火煮约40分钟，至食材熟软。

6.倒入白萝卜块，小火续煮20分钟。

7.加入适量盐、鸡粉、胡椒粉，搅拌片刻，至食材入味。

8.关火后将煮好的汤料盛出，装入碗中即可。

专家点评

　　白萝卜富含维生素C和锌，有助于增强机体的免疫功能，提高孩子的抗病能力；其膳食纤维含量也较高，有益于孩子的肠道健康。猪蹄中含有丰富的胶原蛋白，被称为"骨骼中的骨骼"，可促进儿童生长发育。

长高食谱

韭菜炒牛肉

● **原料**：牛肉200克，韭菜120克，彩椒35克，姜片、蒜末各少许

● **调料**：盐3克，鸡粉2克，料酒4毫升，生抽5毫升，水淀粉、食用油各适量

● **做法**：

1. 洗净的韭菜切成段，洗好的彩椒切粗丝。
2. 洗净的牛肉切丝，装入碗中，加料酒、盐、生抽、水淀粉，拌匀上浆，淋食用油，腌渍约10分钟，至其入味。
3. 用油起锅，倒入肉丝，翻炒至变色，放姜片、蒜末，炒香。
4. 倒入韭菜、彩椒，大火翻炒至食材熟软。
5. 加少许盐、鸡粉，淋入少许生抽。
6. 用中火炒匀，至食材入味。
7. 关火后盛出炒好的菜肴，装入盘中即成。

专家点评

　　牛肉含有丰富的蛋白质，能提高机体抗病能力，具有强健筋骨、滋养脾胃、补中益气的功效，与膳食纤维含量丰富的韭菜搭配食用，不仅能增进儿童食欲，而且对儿童的骨骼发育也颇为有益。

长高食谱

春笋烧黄鱼

◗ 原料：黄鱼400克，竹笋180克，姜末、蒜末、葱花各少许

◗ 调料：鸡粉、胡椒粉各2克，豆瓣酱6克，料酒10毫升，食用油适量

◗ 做法：

1.洗净去皮的竹笋切薄片，处理好的黄鱼切上花刀，备用。

2.锅中水烧开，倒竹笋，淋料酒，略煮片刻。

3.捞出竹笋，沥干水分，待用。

4.用油起锅，放入黄鱼，煎至两面断生。

5.倒入姜末、蒜末、豆瓣酱，炒香。

6.注入适量清水，倒入竹笋，淋料酒，拌匀。

7.烧开后用小火焖约15分钟至食材熟透。

8.加鸡粉、胡椒粉，拌匀，煮至食材入味。

9.关火后盛出煮好的菜肴，撒上葱花即可。

专家点评

竹笋含有蛋白质、胡萝卜素、维生素B₁、维生素C、钙、磷、铁等营养成分，具有开胃、促消化的作用；黄鱼含有丰富的蛋白质、微量元素和维生素，对人体有很好的补益作用，有利于儿童生长发育。

凉拌豌豆苗

◀ 原料：豌豆苗200克，彩椒40克，枸杞10克，蒜末少许

◀ 调料：盐2克，鸡粉2克，芝麻油2毫升，食用油适量

专家点评

◀ 做法：

1.洗好的彩椒切成丝，备用。

2.锅中注入适量清水烧开，放少许食用油。

3.加入洗净的枸杞、豌豆苗，搅拌匀，煮约半分钟至食材断生。

4.把煮好的枸杞和豌豆苗捞出，沥干水分。

5.将焯煮好的食材装入碗中。

6.放入备好的蒜末，加入彩椒丝，放入适量盐、鸡粉，淋入少许芝麻油。

7.用筷子搅拌匀。

8.将拌好的食材盛出，装入盘中即可。

　　豌豆苗是鲜嫩可口的春季时令菜，富含胡萝卜素、维生素C、钙、镁和膳食纤维等营养成分，有利尿、助消化的作用；与彩椒搭配食用，可补充多种营养，对促进儿童身体发育有益。

香椿芝麻酱拌面

●原料：切面400克，鸡蛋1个，去头尾的黄瓜1根，香椿85克，白芝麻、蒜末各适量

●调料：生抽7毫升，盐2克，芝麻油、芝麻酱各适量

专家点评

●做法：

1.锅中水烧开，放洗净的香椿，焯熟后捞出。

2.黄瓜洗净切粗丝；香椿切碎，加蒜末、芝麻油，拌匀。

3.芝麻酱中，加入盐、生抽、温开水，搅散。

4.锅中水烧开，放入切面，拌匀，煮至熟软。

5.捞出面条，放在凉开水中浸泡片刻。

6.面汤煮沸后，打入鸡蛋，煮至凝固，捞出。

7.另取一个盘子，放入切面、香椿、黄瓜丝，淋上拌好的芝麻酱。

8.撒上白芝麻，摆上荷包蛋即可。

　　芝麻酱做工精细、色泽金黄、口感细滑、口味醇香，其钙含量较多，适量食用对骨骼、牙齿的发育都很有益处。另外，芝麻酱含铁丰富，不仅对调整偏食、厌食有积极的作用，还能预防和纠正缺铁性贫血，非常适合儿童食用。

红豆小米豆浆

◖原料： 水发红豆120克，水发小米100克

◖做法：

1. 将已浸泡5小时的红豆、浸泡3小时的小米放入碗中，加适量清水，用手搓洗干净，再倒入滤网中，沥干水分，待用。
2. 将备好的红豆、小米倒入豆浆机中，注入适量清水，至水位线。
3. 选择"五谷"程序，再选择"开始"键，开始打浆。
4. 待豆浆机运转约20分钟，即成豆浆。
5. 把打好的豆浆倒入滤网中，滤取豆浆。
6. 将过滤好的豆浆倒入杯中即可。

专家点评

　　红豆营养丰富，儿童适当进食，有助于补充营养元素，提高自身免疫力；小米中含有丰富的蛋白质、脂肪、膳食纤维、钾、钙、锌等，与红豆搭配食用，可促进儿童骨骼和牙齿的健康发育。

儿童夏季长高美食

夏季，儿童长高有策略

夏季天气渐渐炎热起来，也到了孩子们陆续放暑假的时候，而暑假是孩子长高的大好时期。虽然夏季日长夜短、天气炎热、体能消耗量大，会影响到孩子增高的速度，但是这个时期也有很多利于孩子长高的因素，如营养状况、体育锻炼、阳光、睡眠等，在假期都能够得到较好的保障。如果家长想要孩子个头也能在暑假"蹿一蹿"，就需要根据夏季的特点采取有针对性的策略。

家长在保证孩子营养均衡和饮食多样化的基础上，应让孩子多进行一些体育锻炼，同时还要让孩子合理安排作息时间，尽量在晚上10点前入睡，避免因放假不用上学，学业负担减轻，造成"白天睡懒觉晚上不想睡"的现象，从而确保孩子假期有较好的睡眠。

饮食指导

夏季天气炎热，孩子在高温下新陈代谢速度加快，体能消耗增多，食欲也在减退，因而无法摄取足够的营养。但是夏季正是孩子长个头的好时节，千万不能因为食欲差就不吃饭或乱吃零食。夏季饮食应以清淡为主，在保证蛋白质给予充足的前提下，让孩子多吃些新鲜蔬果。特别是绿叶类蔬菜，如空心菜、苋菜、芹菜等，富含胡萝卜素、维生素及钙、铁、锌等营养物质，对孩子身体各项生理功能的调节都很有益。此外，还可多吃些清热祛暑的食物，如鸭肉、鱼、豆腐、绿豆、冬瓜、苦瓜等。

增高秘籍

秘籍一：饮食规律，少吃零食

影响孩子身高的关键因素就是平时的饮食。想长高，蛋白质、维生素、矿物质一样都不能少。现在很多孩子都爱吃零食，一日三餐吃饭却不规律。特别是一到暑假，这种情况就更严重。爸妈去上班，孩子独自在家，要么不吃饭，要么一吃就吃很多零食，这些都会阻碍孩子长高。因此，夏季更应该注意孩子的日常饮食，不能让孩子吃太多零食。

秘籍二：游泳助长高

夏季游泳不仅能让人感觉凉爽舒适，更能助儿童自然长高。游泳作为一项全身性运动，经常练习可促进儿童骨骼的生长发育。此外，人在水中活动比在陆地活动消耗的能量要多，这会使一些平时因挑食、偏食而造成营养不良的儿童在运动后胃口大开。夏季天气炎热，运动量少，而游泳不仅是休闲避暑的最佳选择，也有力地保证了适宜的运动量。

苦瓜花甲汤

◖**原料**：花甲250克，苦瓜片300克，姜片、葱段各少许

◖**调料**：盐、鸡粉、胡椒粉各2克，食用油少许

◖**做法**：

1.苦瓜洗净后切片，备用。

2.锅中注入适量食用油，放入备好的姜片、葱段，爆香。

3.倒入洗净的花甲，翻炒均匀。

4.锅中加入适量清水，搅拌匀，煮约2分钟至沸腾。

5.倒入洗净切好的苦瓜，煮约3分钟。

6.加入适量的鸡粉、盐，再撒上胡椒粉。

7.拌匀调味。

8.盛出煮好的汤料，装入碗中即可。

专家点评

　　苦瓜含有蛋白质、膳食纤维、胡萝卜素、维生素及钾、镁、磷等营养成分，具有清热解毒、解劳清心等功效；花甲味道鲜美，营养较全面，是一种高蛋白、低热能的食物。本品非常适合儿童夏季食用。

紫苏煎黄瓜

◗ 原料：黄瓜200克，紫苏15克，朝天椒25克，蒜末少许

◗ 调料：盐、鸡粉各3克，生抽、水淀粉、食用油各适量

专家点评

◗ 做法：

1.洗好的朝天椒切圈，备用。

2.洗净的紫苏切碎，备用。

3.洗净去皮的黄瓜切片，备用。

4.用油起锅，放入黄瓜片，煎出香味。

5.把黄瓜盛出，沥干油，待用。

6.锅留底油，放入蒜末，爆香。

7.倒入朝天椒，炒匀。

8.放入黄瓜片、紫苏，加生抽、盐、鸡粉，倒入适量水淀粉，炒匀调味。

9.盛出炒好的菜肴，装盘即可。

　　黄瓜水分多、清甜可口，其富含维生素C，可预防孩子便秘，强健心脏和血管，同时有助于增强记忆力；朝天椒含有辣椒碱和粗纤维，能刺激唾液及胃液分泌，具有健脾胃的功效，有助于增进孩子食欲。

西红柿面片汤

◐ 原料： 西红柿90克，馄饨皮100克，鸡蛋1个，姜片、葱段各少许

◐ 调料： 盐2克，鸡粉少许，食用油适量

专家点评

◐ 做法：

1.馄饨皮沿对角线切开，制成生面片，待用。

2.西红柿洗净切瓣；鸡蛋打散，调成蛋液。

3.用油起锅，放姜片、葱段，爆香，盛出。

4.倒入西红柿，炒匀，注入适量清水。

5.用大火煮约2分钟，至汤水沸腾，倒入切好的生面片。

6.搅拌匀，转中火煮约4分钟，至食材熟透。

7.再倒入蛋液，拌匀，至液面浮现蛋花。

8.加入适量盐、鸡粉，拌匀调味。

9.关火后盛出煮好的面片汤即可。

西红柿是夏季最常吃、也是最好搭配的蔬菜，富含多种维生素和矿物元素，其味道酸甜，能帮助儿童开胃和补充营养。经常进食西红柿可提高儿童免疫力，有效减少咳嗽、呼吸道感染、麻疹等疾病的发生。

猪肝炒花菜

◐ **原料：** 猪肝160克，花菜200克，胡萝卜片、姜片、蒜末、葱段各少许

◐ **调料：** 盐3克，鸡粉2克，生抽3毫升，料酒6毫升，水淀粉、食用油各适量

专家点评

◐ **做法：**

1.洗净的花菜切小朵，洗好的猪肝切片。

2.把猪肝片放入碗中，加盐、鸡粉、料酒、食用油，拌匀，腌渍约10分钟至入味。

3.锅中水烧开，放盐、食用油，倒花菜，煮至食材断生，捞出，待用。

4.用油起锅，放胡萝卜片、姜片、蒜末、葱段，爆香；倒入猪肝，翻炒至其松散、转色。

5.倒入花菜，再淋入适量料酒，炒香；转小火，加生抽调味。

6.淋水淀粉，翻炒匀，关火后盛出即可。

　　猪肝营养价值很高，含有蛋白质、钙、磷、铁、锌、核黄素等营养成分，具有补气益血的作用。儿童食用猪肝不仅可以预防缺铁性贫血，还能改善因营养不良造成的面色萎黄等症状。

长高食谱

马蹄炒芹菜

◐ 原料：马蹄100克，芹菜80克，彩椒40克

◐ 调料：盐2克，鸡粉2克，料酒10毫升，水淀粉5毫升，食用油适量

专家点评

◐ 做法：

1.洗净的芹菜切段，备用。
2.洗好去皮的马蹄切片，备用。
3.洗净的彩椒切条，备用。
4.锅中注入适量食用油烧热，倒入彩椒。
5.再加入芹菜、马蹄，翻炒均匀，炒至全部食材熟透。
6.加入适量盐、鸡粉，淋入料酒。
7.倒入适量水淀粉。
8.翻炒均匀。
9.关火后将炒好的食材盛出，装入盘中即可。

马蹄脆甜多汁、肉质白嫩、鲜美爽口，其中的磷含量是根茎类蔬菜中较高的，能促进儿童牙齿和骨骼的发育；芹菜不但能增进食欲，提高人体免疫力，而且对儿童的健康成长也非常有益。

砂锅鸭肉面

◐ 原料：面条60克，鸭肉块120克，上海青35克，姜片、蒜末、葱段各少许

◐ 调料：盐、鸡粉各2克，料酒7毫升，食用油适量

◐ 做法：

1.洗净的上海青对半切开。

2.锅中注水烧开，加食用油，倒入上海青，拌匀，煮至断生，捞出，待用。

3.沸水锅中倒入鸭肉，拌匀，汆去血水。

4.撇去浮沫，捞出鸭肉，沥干水分，待用。

5.砂锅中注水烧开，倒入鸭肉，淋料酒，撒蒜末、姜片；烧开后用小火煮约30分钟。

6.放入面条，搅拌匀，转中火煮约3分钟至面条熟软；加盐、鸡粉，拌匀，煮至食材入味。

7.关火后取下砂锅，加入上海青、葱段即可。

专家点评

　　鸭肉营养丰富，具有清热健脾、养胃生津的作用。这道砂锅鸭肉面既营养美味又制作方便，且特别适宜夏秋季节食用，不但能补充儿童过度消耗的营养，而且还可有效去除暑热给人体带来的不适。

虾仁鸡蛋卷

● 原料：鸡蛋4个，紫菜25克，虾仁65克，胡萝卜55克，芹菜35克

● 调料：盐、鸡粉各2克，白糖3克，料酒4毫升，生粉、水淀粉、食用油各适量

● 做法：

1.取一个碗，打入3个鸡蛋，调制成蛋液。

2.再取1个鸡蛋打开，取出蛋清，加生粉调匀，制成蛋白液。

3.将备好的胡萝卜丁、芹菜末、虾仁丁加调料拌匀，腌渍10分钟，制成馅料。

4.锅中油烧热，倒入蛋液，煎成蛋皮，盛出。

5.将紫菜、馅料放入蛋皮中，卷成蛋卷，抹蛋白液封口；制成蛋卷生坯，摆放在蒸盘中。

6.蒸锅上火烧开，放入蒸盘，中火蒸10分钟至熟透；关火后取出蛋卷，放凉后切小段即可。

专家点评

　　虾仁营养价值高，其维生素A、胡萝卜素和无机盐的含量较高，脂肪含量低且多为不饱和脂肪酸，具有增强免疫力、理气开胃等功效。此道菜口感滑嫩，味道鲜美，非常适合夏季儿童食用。

香菇鸡肉饭

◐ 原料：鲜香菇30克，鸡胸肉70克，胡萝卜60克，彩椒40克，芹菜20克，米饭200克，蒜末少许

◐ 调料：生抽3毫升，芝麻油2毫升，盐、食用油各适量

专家点评

◐ 做法：

1.洗净的香菇、胡萝卜、彩椒、芹菜切粒，洗净的鸡胸肉切成丁。

2.锅中注水烧开，倒入以上食材，搅拌匀，煮半分钟，至其断生。

3.将煮好的食材捞出，沥干水分，备用。

4.用油起锅，倒入鸡肉丁，翻炒至变色。

5.加蒜末炒香；放入焯过水的食材，翻炒匀。

6.倒入备好的米饭，快速翻炒至松散。

7.加盐、生抽，炒匀调味，淋入芝麻油。

8.翻炒片刻至入味，盛出即可。

香菇中钙、铁、锌等矿物质含量较多，是孩子长个期间不可缺少的营养元素；鸡肉营养丰富，其优质蛋白含量较高、脂肪含量较低，且易被人体吸收和利用，具有增强体力、强壮身体的作用。

长高食谱

花生莲藕绿豆汤

◗ **原料：** 莲藕150克，水发花生60克，水发绿豆70克

◗ **调料：** 冰糖25克

专家点评

◗ **做法：**

1. 将洗净去皮的莲藕对半切开，再切成薄片，装入碗中，备用。
2. 花生、绿豆用清水洗净后装入碗中，备用。
3. 砂锅中注入适量清水烧开，放入洗好的绿豆、花生。
4. 盖上盖，用小火煲煮约30分钟。
5. 揭盖，倒入切好的莲藕，搅拌匀。
6. 再盖上盖，用小火续煮15分钟至食材熟透。
7. 揭盖，放入冰糖，拌煮至溶化。
8. 盛出煮好的绿豆汤即可。

　　花生中的锌元素含量较高，能促进儿童大脑发育，有助于增强大脑的记忆功能；绿豆具有清热解毒、祛暑止渴等功效。儿童在夏季适当饮用本品，不仅有助于增强食欲，还可起到防暑消热的作用。

长高食谱

荷叶牛肚汤

原料： 牛肚200克，荷叶、桂皮、茴香、姜片、葱花各少许

调料： 料酒8毫升，盐2克，鸡粉2克，胡椒粉少许

专家点评

做法：

1. 洗净的牛肚切开，再切成条。
2. 砂锅中注入适量清水烧开，倒入荷叶、桂皮、茴香。
3. 撒上姜片，放入切好的牛肚。
4. 淋入适量料酒，拌匀。
5. 盖上盖，烧开后小火煮1小时至食材熟透。
6. 揭开盖，加入少许盐、鸡粉、胡椒粉。
7. 搅拌匀，续煮片刻至食材入味。
8. 关火后把煮好的汤料盛出，装入碗中，撒上葱花即可。

牛肚含有蛋白质、矿物质、维生素B_1、维生素B_2、烟酸等营养成分，具有补益脾胃、补气养血、消渴等功效；夏季搭配具有清热祛暑作用的荷叶煲汤食用，有助于增进儿童食欲。

长高食谱

金枪鱼鸡蛋杯

◀ 原料：金枪鱼肉60克，彩椒10克，洋葱20克，熟鸡蛋2个，沙拉酱30克，西蓝花120克

◀ 调料：黑胡椒粉、食用油各适量

◀ 做法：

1.熟鸡蛋对半切开，挖去蛋黄，留蛋白。

2.洗净的彩椒、洋葱切粒，金枪鱼肉切成丁。

3.锅中注水烧开，淋入食用油。

4.倒入西蓝花，拌匀，煮约2分钟至断生。

5.捞出焯煮好的西兰花，沥干水分，待用。

6.金枪鱼装碗中，放洋葱、彩椒、沙拉酱。

7.撒上黑胡椒粉，搅拌均匀，制成沙拉。

8.将西蓝花摆入盘中，放上蛋白，再摆上余下的西蓝花。

9.将拌好的沙拉放在蛋白中即可。

专家点评

　　金枪鱼含蛋白质、维生素、铁、钾、钙等营养成分，具有补充钙质、促进儿童骨骼发育等功效；鸡蛋含有儿童成长所需的卵蛋白、卵球蛋白、钙、磷等，是儿童生长发育的理想食品。

长高食谱

猪血豆腐青菜汤

◑原料：猪血300克，豆腐270克，生菜30克，虾皮、姜片、葱花少许

◑调料：盐2克，鸡粉2克，胡椒粉、食用油各适量

专家点评

◑做法：

1. 洗净的豆腐切成小方块，洗好的猪血切小块，备用。
2. 锅中注水烧开，倒入备好的虾皮、姜片。
3. 再倒入豆腐、猪血，加盐、鸡粉，搅拌匀。
4. 盖上锅盖，用大火煮约2分钟。
5. 揭开锅盖，淋少许食用油，放入洗净的生菜，拌匀。
6. 撒入适量胡椒粉，搅拌均匀，至食材入味。
7. 关火后盛出煮好的汤料，装入碗中，撒上葱花即可。

　　猪血中的蛋白质含量高于牛肉、瘦猪肉，且易于消化，其含铁量丰富，吸收率高；猪血中还富含锌、铜等微量元素，可提高人体免疫力，尤其对营养不良的儿童具有较好的食疗功效。

彩椒拌腐竹

◗ 原料：水发腐竹200克，彩椒70克，蒜末、葱花各少许

◗ 调料：盐3克，鸡粉2克，生抽、芝麻油各2毫升，辣椒油3毫升，食用油适量

◗ 做法：

1.洗净的彩椒切成丝，备用。

2.锅中注水烧开，加食用油、盐。

3.倒入洗好的腐竹、切好的彩椒丝，搅拌匀，煮至全部食材熟透。

4.捞出焯煮好的食材，放入碗中，备用。

5.放入备好的蒜末、葱花。

6.加入适量盐、鸡粉，再倒入生抽、芝麻油、辣椒油。

7.用筷子拌匀，至食材入味。

8.盛出拌好的食材，装入盘中即可。

专家点评

　　腐竹营养价值较高，其含有丰富的蛋白质和铁、钙、磷、镁等儿童生长所需的多种矿物质元素，有助于儿童钙质的补充，可有效防止儿童因缺钙引起的骨质疏松症，并促进骨骼发育。

儿童秋季长高美食

秋季，儿童长高巧储备

一般来说，孩子在春季长得最快，在秋季却较缓慢，这是否意味着秋季就不必注重让孩子长个头的调养呢？当然不是。秋季，天高气爽，温度适宜，孩子的食欲也在逐渐增强，是孩子适当进补的好季节。在秋季为孩子进补，可为孩子储备骨骼生长所需的营养并调节体内环境，同时也为冬季的到来做好御寒准备。

除了营养的储备要充足外，同样也应保证孩子充足的睡眠。睡眠充足并不仅仅指睡眠时间的充足，还应保证较高的睡眠质量，让孩子入睡的时间规律化。

饮食指导

秋季正是许多新鲜蔬果上市的季节，妈妈可适当用这些新鲜的蔬果给孩子增加营养。但秋季孩子食欲较为旺盛，如果吃得过多易导致肥胖，影响身高的增长。所以，这个季节，父母也不要借着"补秋膘"而一味给孩子大补特补。

秋季天气干燥，易上火，如果饮食不当，往往会发生便秘、口疮、流鼻血等上火症状。因此，妈妈在饮食上还要注意为孩子"润燥""去燥"，多吃一些滋阴润燥的食物，如萝卜、芹菜、冬瓜、莲藕、苹果、梨、香蕉等，少吃辛热食物，如葱、蒜、辣椒、羊肉、桂圆等。

此外，饮食上还要注意增加蛋白质的摄入量。除肉类和豆腐外，可让孩子多吃一些海鱼、海虾等海产品。鱼肉含动物蛋白和钙、磷及维生素等，易被人体消化吸收，非常适合孩子食用。不过，孩子若此时正值"上火"或患有过敏性疾病，最好不要吃虾。

增高秘籍

秘籍一：多做弹跳运动

跳绳、跳皮筋、纵跳摸高等弹跳运动，可使下肢得到节律性的压力，充足的血液供应会加速儿童骨骼生长。家长可鼓励孩子经常做一些弹跳运动，有益于孩子长高。弹跳运动以每次5~10分钟，每天1~3次为宜。

秘籍二：预防疾病

秋季气温多变，正是孩子咳嗽、腹泻的高发季节。如果孩子生病，身体健康就会受到损害，而且患病的孩子一般食欲不振，营养跟不上必定会影响孩子长高。特别是小儿腹泻，不仅会导致营养摄入的减少，还会影响营养的吸收，阻碍孩子的成长发育。因此，家长要注意秋季儿童保健，减少孩子患病的概率。

鲜虾豆腐煲

◖ 原料： 豆腐160克，虾仁65克，上海青85克，五花肉200克，干贝25克，姜片、葱段各少许，高汤350毫升

◖ 调料： 盐2克，鸡粉少许，料酒5毫升

◖ 做法：

1.洗净的虾仁切开，去除虾线；洗好的上海青切小瓣，豆腐切小块，五花肉切薄片。

2.锅中水烧开，倒上海青，煮至断生后捞出。

3.沸水锅中倒入五花肉片，淋料酒，煮1分钟，捞出待用。

4.砂锅置火上，倒高汤，放干贝、肉片，撒姜片、葱段，淋料酒；烧开后小火煮至变软。

5.加调料调味，倒入虾仁、豆腐块，小火续煮至全部食材熟透。

6.关火后，放焯熟的上海青，端下砂锅即成。

专家点评

虾仁营养价值高，含有丰富的维生素A、胡萝卜素和无机盐等；上海青含有蛋白质、维生素、钙、磷、铁等营养成分，具有改善便秘、增强免疫力等功效。两者搭配食用，可帮助儿童更好地吸收营养。

长高食谱

冬瓜鲜菇鸡汤

◐ 原料：水发香菇30克，冬瓜块80克，鸡肉块50克，瘦肉块40克，高汤适量

◐ 调料：盐2克

◐ 做法：

1.锅中注水烧开，倒入洗净的鸡肉和瘦肉，搅散，汆去血水。

2.捞出汆煮好的食材，沥干水分，备用。

3.锅中注入高汤烧开，倒入汆过水的食材。

4.再放入备好的冬瓜、香菇，搅拌片刻。

5.用大火煮约15分钟，转中火煮约2小时至全部食材熟软。

6.加盐调味，搅拌均匀至食材入味。

7.盛出煮好的汤料，装入碗中，待稍微放凉后即可食用。

 专家点评

　　冬瓜能养胃生津、利尿行水，具有滋阴润燥的功效，尤其适合儿童在易上火的秋季食用。香菇含有丰富的维生素D及钙、铁、锌等矿物质，能促进儿童生长发育，是儿童长个期间的补钙佳品。

蚝油茭白

●原料：茭白200克，彩椒80克

●调料：盐3克，鸡粉3克，水淀粉4毫升，蚝油8克，食用油适量

专家点评

●做法：

1.洗净去皮的茭白切片，彩椒切小块。

2.锅中注入适量清水烧开，放入少许盐、鸡粉，搅拌匀。

3.倒入切好的彩椒、茭白，拌匀，煮约半分钟至食材断生。

4.把煮好的食材捞出，沥干水分，备用。

5.用油起锅，倒入焯过水的食材，翻炒匀。

6.放入适量蚝油、盐、鸡粉，炒匀调味。

7.淋入适量水淀粉，快速翻炒匀。

8.关火后盛出炒好的食材，装盘即可。

茭白含有较多的维生素B_1、维生素B_2、维生素E等，常食茭白可加速人体的代谢功能，提高自身免疫力。彩椒含磷丰富，可促进骨骼和牙齿的健康生长。此道膳食非常适合儿童在秋季食用。

椒香南瓜

◑原料： 南瓜350克，红椒15克，蒜末、姜末各适量，葱丝少许，高汤600毫升

◑调料： 盐、鸡粉各2克，水淀粉、芝麻油各适量

◑做法：

1.洗净去皮的南瓜切厚片，洗净的红椒切粒。

2.取小碗，加盐、鸡粉、高汤，倒入红椒粒、姜末、蒜末，拌匀，调成味汁。

3.将南瓜片摆放在蒸盘中，倒入味汁，待用。

4.蒸锅上火烧开，放入蒸盘，中火蒸约20分钟至食材熟透，取出待用。

5.炒锅置火上，倒入余下的高汤，烧热后加盐、鸡粉、水淀粉、芝麻油，调成芡汁。

6.关火后盛出芡汁，浇在蒸熟的菜肴上，撒上葱丝即可。

专家点评

　　南瓜含有淀粉、蛋白质、维生素B₁、维生素B₂、维生素C和钙、磷等成分，可改善儿童机体免疫力，对增强体质大有益处；其所含的β-胡萝卜素，可由人体吸收转化为维生素A，从而促进儿童骨骼发育。

松子玉米粥

◗ **原料**：玉米碎100克，松子10克，红枣20克

◗ **调料**：盐2克

专家点评

◗ **做法**：

1.红枣用清水洗净后，装入碗中，待用。
2.砂锅中注入适量清水，用大火烧开，放入洗好的红枣。
3.转中火，将玉米碎倒入锅中，搅匀。
4.盖上锅盖，烧开后用小火煮30分钟。
5.揭开锅盖，放入备好的松子。
6.再盖上盖，续煮约10分钟至食材熟透。
7.揭开锅盖，放入适量盐。
8.拌匀调味。
9.起锅，将做好的松子玉米粥装入碗中即成。

松子含有优质蛋白、不饱和脂肪酸、钾、钙、钠等营养元素，可帮助儿童补充生长所需的多种营养物质，促进骨骼的健康发育，提高身体免疫力；与营养丰富的玉米同食，对儿童成长有益。

莲子核桃桂圆粥

◖ 原料：水发糙米160克，莲子50克，桂圆肉30克，核桃仁25克

◖ 做法：

1.将莲子、桂圆肉、核桃仁分别用清水洗净，装入碗中，备用。

2.糙米加清水浸泡一会儿后，用手搓洗干净，装入碗中，备用。

3.砂锅中注入适量清水烧开。

4.放入洗好的莲子、桂圆肉、核桃仁、糙米，搅拌均匀。

5.盖上盖，用小火煮约30分钟至食材熟透。

6.揭开盖，搅拌均匀，略煮片刻。

7.关火后盛出煮好的粥，装入碗中即可。

专家点评

　　莲子含有丰富的钙、磷、钾等矿物质，可促进儿童骨骼和牙齿的生长；核桃营养丰富，具有润肌、补脑、黑发等功效，而秋冬季正是食用核桃的最佳时节，常食可增强儿童体质。两者搭配食用，有助于儿童骨骼发育，对身高增长很有益。

白玉菇炒牛肉

◖原料： 白玉菇100克，牛肉150克，红椒15克，姜片、蒜末、葱白各少许

◖调料： 鸡粉3克，嫩肉粉1克，盐、生抽、料酒、水淀粉、食用油各适量

专家点评

◖做法：

1. 洗净的白玉菇切两段，红椒切丝。
2. 洗净的牛肉切片，加嫩肉粉腌渍至入味。
3. 锅中水烧开，加油、盐，倒入白玉菇、红椒，煮约2分钟，捞出备用。
4. 砂锅中油烧热，倒入姜片、蒜末、葱白，爆香；倒入牛肉，翻炒至转色；淋料酒，再倒入白玉菇、红椒，翻炒匀。
5. 加入适量盐、鸡粉、生抽、水淀粉，将锅中食材炒至入味。
6. 关火后，盛出炒好的食材，装入盘中即可。

　　牛肉含有丰富的维生素和铁、钙、磷等矿物质，易于人体吸收；其所含的氨基酸更接近人体需要，能有效提高机体的抗病能力，特别适合生长发育期的儿童食用。白玉菇脆嫩鲜滑、清甜可口，与牛肉搭配食用，可增进儿童食欲。

长高食谱

南瓜鸡蛋面

◖ **原料**：切面300克，鸡蛋1个，紫菜10克，海米15克，小白菜25克，南瓜70克

◖ **调料**：盐2克，鸡粉2克

◖ **做法**：

1.洗净去皮的南瓜切成薄片，备用。

2.锅中注水烧开，倒入洗好的海米、紫菜。

3.放入南瓜片，用大火煮至断生。

4.放入面条，拌匀，再煮至沸腾。

5.加盐、鸡粉，放入洗好的小白菜，拌匀，煮至变软。

6.捞出食材，放入汤碗中，待用。

7.将留下的面汤煮沸，打入鸡蛋，用中小火煮至成形。

8.关火后盛出荷包蛋，摆放在碗中即可。

专家点评

　　南瓜含有维生素、膳食纤维、磷、铁及人体所需的多种氨基酸，具有增强儿童免疫力、滋养皮肤的功效；紫菜含丰富的钙、磷和铁，此道膳食能促进儿童骨骼生长发育，帮助孩子长高。

长高食谱

鸭血虾煲

◖ 原料：鸭血150克，豆腐100克，基围虾150克，姜片、蒜末、葱花各少许

◖ 调料：盐少许，鸡粉2克，料酒4毫升，生抽3毫升，水淀粉5毫升，食用油适量

◖ 做法：

1.洗净的豆腐、鸭血切成块。

2.锅中注水烧开，加盐、食用油，倒入豆腐块、鸭血块，略煮片刻，捞出。

3.锅中油烧至五成热，放入备好的基围虾，炸至变色，捞出。

4.锅底留油，放蒜末、姜片、基围虾，炒匀。

5.倒豆腐、鸭血，加鸡粉、盐、清水、料酒。

6.淋入生抽、水淀粉，翻炒匀，略煮片刻。

7.把煮好的食材盛出装入砂锅中，煮3分钟。

8.关火后取下砂锅，揭开盖，撒上葱花即可。

专家点评

　　鸭血中除含有丰富的蛋白质及多种人体不能合成的氨基酸外，还含有铁、钙等矿物质和多种维生素，能够为成长中的儿童补充足够的铁，缓解因缺铁造成的肌肉无力、精神不佳等症状。

长高
食谱

黑豆银耳豆浆

◐原料：水发银耳30克，水发黑豆
20克

◐调料：冰糖适量

◐做法：

1.将已浸泡8小时的黑豆倒入碗中，注入适量清水，用手搓洗干净。

2.把洗好的黑豆倒入滤网中，沥干水分。

3.将洗好的豆浆机中加冰糖，倒入银耳、黑豆。

4.注入适量清水，至水位线即可。

5.选择"五谷"程序，按"开始"键打浆。

6.待豆浆机运转约15分钟，即成豆浆。

7.把煮好的豆浆倒入滤网中，滤取豆浆。

8.将滤好的豆浆倒入杯中即可。

 专家点评

秋季易上火，银耳具有滋阴润燥的功效，可作为孩子去火的辅助食疗。此外，银耳富含维生素D，能防止钙的流失，调节人体钙和磷的代谢，帮助肠道更好地吸收钙，维持骨骼强度，促进儿童身高增长。

长高食谱

红薯栗子饭

◗ **原料**：红薯200克，胡萝卜120克，板栗肉15克，稀饭230克，黑芝麻粉35克

◗ **调料**：芝麻油适量

◗ **做法**：

1.锅中注水烧开，放入板栗肉，煮至断生。

2.捞出板栗肉，沥干水分，放凉待用。

3.洗净的胡萝卜、红薯切细丝，放凉的板栗肉切细丝。

4.砂锅置于火上，倒入少许芝麻油。

5.倒入板栗、胡萝卜、红薯，炒香。

6.加适量清水，大火煮至沸腾。

7.放入稀饭，拌匀搅散，烧开后用小火煮约15分钟至熟；倒入黑芝麻粉，拌匀煮沸。

8.关火后盛出煮好的红薯栗子饭即可。

专家点评

　　红薯的营养价值很高，含有氨基酸、维生素、钙、铁、钾等营养物质，有利于保持血液的酸碱平衡，对儿童的健康发育和智力开发都有益处。板栗含有丰富的维生素C、钾、铁、锌等，常食可提高儿童免疫力。

长高食谱

咖喱花菜

◗ 原料：花菜200克，姜末少许

◗ 调料：咖喱粉10克，盐2克，鸡粉1克，食用油适量

专家点评

◗ 做法：

1.将洗净的花菜切小朵，备用。

2.锅中注水烧开，加入少许食用油、盐，放入切好的花菜。

3.拌匀，煮约1分30秒，至食材断生后捞出，沥干水分，待用。

4.用油起锅，撒上姜末，爆香，加入适量咖喱粉，炒香。

5.倒入焯过水的花菜，快速翻炒均匀。

6.加入少许盐、鸡粉，炒匀调味。

7.关火后盛出炒好的菜肴，装入盘中即可。

花菜味甘鲜美，食后易消化吸收，其中的维生素C含量非常高，不但有利于儿童生长发育，还能提高人体免疫功能，增强儿童的抗病能力。儿童常吃花菜，还可保护视力、提高记忆力。

长高食谱

红烧武昌鱼

原料：武昌鱼600克，姜片、葱段各少许

调料：盐2克，料酒5毫升，老抽2毫升，生抽4毫升，食用油适量

做法：

1.处理干净的武昌鱼两面切上花刀，备用。

2.锅中油烧热，放入武昌鱼，小火煎出香味。

3.翻转鱼身，煎至两面断生。

4.放入姜片、葱段，爆香。

5.注入少许清水，加入适量盐，淋料酒、老抽、生抽，搅匀。

6.盖上锅盖，烧开后转用中火焖约10分钟至食材入味。

7.揭开锅盖，用大火收汁。

8.关火后盛出焖煮好的菜肴，摆入盘中即可。

专家点评

　　武昌鱼营养价值高，含有丰富的优质蛋白、不饱和脂肪酸、维生素D等物质，具有益脾健胃、补虚养血的功效；此外，武昌鱼还含有大量的磷和烟酸，儿童常食可起到健脑、增高的作用。

儿童冬季长高美食

冬季，儿童长高添助力

凉爽的秋天刚过去，紧随而至的冬天就来临了。冬季是万物积蓄力量、等待萌发的季节，父母如果能够抓住这个良好时期，为孩子的生长发育提供适当的营养，必定能为孩子长高助力。然而随着气温的下降，日照时间的缩短，特别是近年来许多城市频频出现的雾霾天气，使得孩子的户外活动时间明显减少。孩子与阳光接触少了，体内维生素D的自身合成就会明显减少，容易造成钙质的吸收不足，再加上冬季气温低，机体对钙的利用率也明显降低，就更容易引起孩子缺钙。缺失的钙质如果没有得到及时补充，就会严重影响孩子的骨骼发育和成长，成为阻碍孩子长高的"拦路虎"。因此，在"冬藏"的季节，妈妈尤其要注意为孩子补足钙质。

饮食指导

冬季饮食的一个重要作用就是给身体保暖，但是对正处于生长发育阶段的儿童来说，除了适当增加进食量以满足机体对热能的需要外，还要注意营养的全面均衡。

冬季儿童容易缺乏维生素D，因此家长在儿童膳食中应增加一些富含维生素D的食物，如动物肝脏等。饮食宜尽量做到清淡少油腻，适当增加蔬菜的进食量，同时，多食用香菇、银耳等菌藻类食物及海带、紫菜等水产品，对增强孩子抵抗力非常有益。

此外，冬季热量散发较快，家长在为孩子安排饮食时，还可增加一些"肥甘厚味"的食物，但不宜过多，且仍然需要遵循均衡膳食的饮食原则。

增高秘籍

秘籍一：勿过度保暖

一到冬天，很多孩子就被家长裹成了一个"小粽子"，然而过度保暖会导致孩子手脚施展不开，运动迟缓。孩子行动不方便就不爱运动，运动量少了，食欲自然也就跟着减退，以致影响了孩子正常的生长发育。因此，冬季保暖，适度即可。

秘籍二：多晒太阳

太阳晒得少，机体对钙的吸收效果变差，也是冬季孩子较难长高的原因之一。钙作为"生命基石"，对儿童的骨骼和牙齿发育具有重要作用，而晒太阳则是为了更好地补充维生素D，从而促进机体对钙的吸收。进入冬季，孩子外出活动的次数减少了，晒太阳的时间也相应地减少了。因此，家长要让孩子多进行户外锻炼，多晒太阳，以帮助钙更有效地被吸收。一般可选择在上午10点以后、下午4点之前阳光较充足的时段外出。

香菜炒羊肉

● 原料：羊肉270克，香菜段85克，彩椒20克，姜片、蒜末各少许

● 调料：盐3克，鸡粉、胡椒粉各2克，料酒6毫升，食用油适量

专家点评

● 做法：

1.将洗净的彩椒切粗条。

2.洗好的羊肉切片，再切成粗丝，备用。

3.用油起锅，放入姜片、蒜末，爆香。

4.倒入羊肉，炒至变色，淋入少许料酒，炒匀提味。

5.放入彩椒丝，用大火炒至变软。

6.转小火，加盐、鸡粉、胡椒粉，炒匀调味。

7.倒入备好的香菜段，快速翻炒一会儿，至其散出香味。

8.关火后盛出炒好的菜肴即成。

羊肉含有丰富的蛋白质、钙、铁、维生素D等营养成分，肉质细腻，容易消化，且含有充足的热量，儿童冬季食用能增加身体的热量，在抵御严寒的同时温补身体；搭配香菜食用，可去掉羊肉的膻味，让孩子更爱吃。

爆香猪肚

◗ 原料： 熟猪肚300克，胡萝卜120克，青椒30克，姜片、葱段各少许

◗ 调料： 盐、鸡粉各2克，生抽、料酒、水淀粉各少许，食用油适量

专家点评

◗ 做法：

1.将熟猪肚去除油脂，切开，再用斜刀切片。

2.洗净去皮的胡萝卜切薄片，青椒去籽切片。

3.锅中注水烧开，倒入猪肚，煮约1分30秒，去除异味，捞出，待用。

4.另起锅，注水烧开，倒入胡萝卜、青椒，加油、盐，拌匀，煮至断生。

5.捞出焯煮好的材料，沥干水分，待用。

6.用油起锅，倒姜片、葱段，爆香。

7.放入猪肚、胡萝卜、青椒，加调料炒匀调味；关火后盛出炒好的菜肴，装入盘中即可。

　　猪肚含有蛋白质、脂肪、糖类、维生素及钙、磷、铁等营养成分，具有补虚损、健脾胃的功效；青椒的维生素C含量很丰富，与猪肚搭配食用，可帮助儿童提高免疫力，有助于其生长发育。

长高
食谱

鸡肉蒸豆腐

◗ 原料：豆腐350克，鸡胸肉40克，鸡蛋50克

◗ 调料：盐、芝麻油各少许

◗ 做法：

1.鸡蛋打散，调制成蛋液；洗好的鸡胸肉剁成末，装入碗中，倒入蛋液，加盐，拌至起劲，制成肉糊。

2.锅中水烧热，加盐，放入豆腐，煮约1分钟，捞出，放凉。

3.将豆腐剁成细末，淋芝麻油，拌匀制成豆腐泥；装入蒸盘，铺平，倒入肉糊，待用。

4.蒸锅上火烧开，放入蒸盘，中火蒸约5分钟至食材熟透。

5.取出蒸盘，待稍微放凉后即可食用。

专家点评

　　豆腐营养价值很高，含有蛋白质、B族维生素、钙、铁、锌等营养成分，对儿童的生长发育和强健大脑有益；鸡肉含人体生长发育所需的磷脂类，儿童常食可增强体质、强壮身体。

鳕鱼鸡蛋粥

◐原料：鳕鱼肉160克，土豆80克，
上海青35克，水发大米100克，熟蛋
黄20克

◐做法：

1.蒸锅上火烧开，放入洗好的鳕鱼肉、土豆。

2.中火蒸约15分钟至其熟软，取出，放凉。

3.洗净的上海青切去根部，再切成粒。

4.熟蛋黄压碎；土豆压成泥；鳕鱼肉碾碎，去
除鱼皮、鱼刺。

5.砂锅中注水烧热，倒入洗净的大米，搅匀。

6.烧开后用小火煮约20分钟至大米熟软。

7.倒入以上食材，搅匀，小火续煮约20分钟至
所有食材熟透。

8.搅拌至粥浓稠，关火后盛出煮好的粥即可。

专家点评

　　鳕鱼肉味甘美、营养丰富，其蛋白质含量高、脂肪含量低，且含有儿童发育所必需
的各种氨基酸，易被消化吸收；与鸡蛋搭配熬粥食用，不仅能为儿童长高提供充足的营
养，还有助于增强食欲。

长高食谱

排骨煲仔饭

◖ 原料： 泰国香米150克，排骨段50克，蒜末、葱花各少许

◖ 调料： 鸡粉、盐、白糖各2克，胡椒粉1克，生抽2毫升，料酒3毫升，蚝油4克，生粉3克，芝麻油、猪油、食用油各适量

专家点评

◖ 做法：

1. 洗净的排骨段装入碗中，撒上蒜末，加调料腌渍约10分钟，至其入味。
2. 将香米放入碗中，加少许猪油，拌至溶化。
3. 将葱花放入碗中，注入少许温开水，加生抽、芝麻油，调成味汁。
4. 砂锅置火上，注适量开水，倒入拌好的香米，烧开后转小火煮约20分钟，倒入排骨，淋食用油；小火续煮15分钟，再均匀地浇上味汁；转大火焖一会儿至散出葱香味。
5. 关火后取下砂锅，揭开盖，即可食用。

猪骨含有蛋白质、磷酸钙、骨胶原、骨黏蛋白、钙、磷、铁等营养成分，儿童经常食用，能及时补充人体所必需的骨胶原等物质，增强骨髓的造血功能，有助于骨骼的生长发育。

高粱红枣豆浆

◑原料： 水发高粱米50克，水发黄豆55克，红枣12克

◑做法：

1.洗净的红枣去核，切小块，备用。

2.将已浸泡8小时的黄豆倒入碗中，放入泡发好的高粱米；加适量清水，用手搓洗干净。

3.将洗好的食材倒入滤网，沥干水分。

4.把洗好的食材倒入豆浆机中，放入红枣，注适量清水，至水位线即可。

5.选择"五谷"程序，按"开始"键打浆。

6.待豆浆机运转约20分钟，即成豆浆。

7.把煮好的豆浆倒入滤网，滤取豆浆。

8.将滤好的豆浆倒入杯中即可。

专家点评

　　高粱具有促进消化、温中健脾、固肠胃的作用；黄豆能帮助儿童更好地吸收钙质，同时还可有效改善贫血；红枣含有蛋白质、有机酸、矿物质及多种维生素，可增强儿童免疫力。本品非常适合儿童冬季饮用。

燕麦紫薯豆浆

原料： 紫薯35克，燕麦片15克，水发黄豆40克

调料： 冰糖适量

做法：

1.洗净去皮的紫薯切小块，备用。

2.将已浸泡8小时的黄豆倒入碗中，注入适量清水，用手搓洗干净。

3.把洗好的黄豆倒入滤网，沥干水分。

4.把燕麦片、黄豆、紫薯、冰糖倒入豆浆机中，注入适量清水，至水位线即可。

5.选择"五谷"程序，按"开始"键打浆。

6.待豆浆机运转约15分钟，即成豆浆。

7.把煮好的豆浆倒入滤网，滤取豆浆。

8.再倒入碗中，用汤匙撇去浮沫即可。

专家点评

　　紫薯口味细腻甜滑、香味浓郁，营养丰富，钙、铁、锌含量较高，有益气补血、增强免疫力的功效；燕麦中含有丰富的钙、磷、铁、锌等矿物质，是儿童补钙佳品，有助儿童长高，可经常食用。

长高
食谱

韭菜豆渣饼

◑原料： 鸡蛋120克，韭菜100克，豆渣90克，玉米粉55克

◑调料： 盐3克，食用油适量

◑做法：

1.将洗净的韭菜切成粒。

2.用油起锅，倒入切好的韭菜，翻炒至断生。

3.放入备好的豆渣，炒香、炒透，加盐，炒匀调味，盛出，装盘。

4.鸡蛋打入碗中，加盐，打散调匀，放入炒好的食材，搅拌匀。

5.撒上玉米粉，调匀，制成豆渣饼面糊。

6.煎锅注油烧热，倒入面糊，摊平，小火煎至两面呈金黄色。

7.关火后盛出煎好的豆渣饼，切成小块即可。

专家点评

豆渣含有蛋白质、脂肪、糖类等营养成分，有开胃消食、促进消化的作用。此外，豆渣还含有较多的钙、磷、铁、钾等矿物质，能够促进儿童骨骼生长，对其生长发育很有益，儿童可经常食用。

黑豆核桃豆浆

●原料： 核桃仁15克，水发黑豆45克

●做法：

1.将泡好的黑豆、核桃仁倒入碗中，注入适量清水，用手搓洗干净。

2.把洗好的黑豆、核桃仁倒入豆浆机中，注入适量清水，至水位线即可。

3.盖上豆浆机机头，选择"五谷"程序，再选择"开始"键，开始打浆。

4.待豆浆机运转约15分钟，即成豆浆。

5.将豆浆机断电，取下机头，把煮好的豆浆倒入滤网，滤取豆浆。

6.将滤好的豆浆倒入杯中即可。

专家点评

　　黑豆中含有非常丰富的优质蛋白，其富含的钙是儿童补钙的良好来源；核桃含有多种儿童成长发育所必需的营养物质，对心脏和大脑都有益，与黑豆搭配食用，有助于儿童益智长高。

长高食谱

辣味虾皮

原料： 红椒25克，青椒50克，虾皮35克，葱花少许

调料： 盐2克，鸡粉1克，辣椒油6毫升，芝麻油、陈醋各4毫升，生抽5毫升

做法：

1.洗好的青椒切段，再切开，去籽，切粗丝，改切成粒。

2.洗净的红椒切开，去籽，再切粗丝，改切成粒，装入盘中，待用。

3.取一个小碗，加入盐、鸡粉、辣椒油、芝麻油、陈醋、生抽，拌匀，调成味汁。

4.另取一个大碗，倒入青椒、红椒、虾皮。

5.再撒上少许葱花，倒入制好的味汁，拌至食材入味。

6.将拌好的菜肴盛入盘中即可。

专家点评

虾皮含钙丰富，有"钙库"之称，其味道鲜美，易于被儿童接受，是儿童生长期食用的较佳补钙食物。将虾皮搭配适量的青椒、红椒给儿童食用，对增进儿童食欲和增强儿童体质都很有好处。

冬笋拌豆芽

◑原料：冬笋100克，黄豆芽100克，红椒20克，蒜末、葱花各少许

◑调料：盐3克，鸡粉2克，芝麻油2毫升，辣椒油2毫升，食用油3毫升

 专家点评

◑做法：

1.洗净的冬笋、红椒切丝，洗好的黄豆芽装入碗中，备用。

2.锅中注水烧开，加入少许食用油、盐。

3.倒入冬笋，煮1分钟；倒入黄豆芽，搅拌匀，再煮1分钟至其断生。

4.放入红椒，煮片刻至食材熟透。

5.把煮熟的食材捞出，装入碗中，加盐、鸡粉，放入蒜末、葱花。

6.淋入少许芝麻油、辣椒油，拌匀。

7.将拌好的材料盛出，装入盘中即可。

　　冬笋脆嫩鲜美，含有丰富的植物蛋白、胡萝卜素、维生素及钙、磷、铁等多种人体必需的营养成分，可促进儿童生长发育；黄豆芽含丰富的磷，儿童常食能起到健脑、护脑的作用。

长高食谱

土豆稀饭

●原料：土豆70克，胡萝卜65克，菠菜30克，稀饭160克

●调料：食用油少许

●做法：

1.洗净去皮的土豆切粒，洗好的胡萝卜切粒。

2.锅中注水烧开，倒入菠菜，煮至变软。

3.捞出焯煮好的菠菜，沥干水分，装盘备用。

4.把放凉的菠菜切碎，待用。

5.煎锅置于火上，倒入少许食用油烧热。

6.放入切好的土豆、胡萝卜粒，炒匀炒香。

7.注入适量清水，倒入稀饭、切好的菠菜，炒匀炒香。

8.用大火略煮片刻，至食材熟透。

9.关火后盛出煮好的稀饭即可。

专家点评

　　土豆含有大量的蛋白质和B族维生素，可增强儿童体质；菠菜中所含的胡萝卜素在人体内转化为维生素A，能维护正常视力和上皮细胞的健康，同时促进儿童生长发育。此道膳食非常适合儿童在冬季食用。

长高食谱

白萝卜拌金针菇

◖ **原料：** 白萝卜200克，金针菇100克，彩椒20克，圆椒10克，蒜末、葱花各少许

◖ **调料：** 盐、鸡粉各2克，白糖5克，辣椒油、芝麻油各适量

◖ **做法：**

1.洗净去皮的白萝卜切细丝，洗净的圆椒、彩椒切细丝，金针菇切除根部。

2.锅中水烧开，倒金针菇，拌匀，煮至断生。

3.捞出金针菇，放入凉开水中，清洗干净，沥干水分，待用。

4.取一个大碗，倒入白萝卜、彩椒、圆椒。

5.倒入金针菇，撒上蒜末，拌匀。

6.加入适量盐、鸡粉、白糖，淋入少许辣椒油、芝麻油。

7.撒入葱花，拌匀，装入盘中即可。

专家点评

　　白萝卜营养丰富，其维生素C、矿物质含量很高，可促进消化、增强儿童食欲、缓解冬季皮肤干燥；金针菇中的氨基酸含量丰富，含锌量也较高，具有促进儿童生长发育和健脑的作用。

附录I 运动助高

"生命在于运动"，健康的身体，离不开运动。特别是对正处于生长发育阶段的儿童来说，运动更是必不可少。运动不仅能促进人体新陈代谢，加速血液循环，给骨骼输送更多的营养物质以促进骨骼生长，还可以刺激脑垂体分泌生长激素，从而帮助儿童长高。但并不是所有的运动都有利于增高，若运动方式或操作方法不对，不仅不利于生长发育，反而还会损害孩子的健康。因此，儿童在进行体育锻炼时掌握正确的运动方式很重要。

运动前要做好充分的准备工作，一般冬季准备时间较长，夏季较短。活动强度以全身发热、微微出汗、四肢关节灵活，心率、血压都应比安静时稍稍增强为宜。同样，运动后的放松整理也是十分必要的。运动后可做一些放松身体的动作，如先抖动大腿、小腿，后抖动上臂、前臂，亦可轻轻拍打四肢，放松肌肉。此外，还应注意饭后不可立即运动，运动时和运动后不可大量饮水，运动后不宜马上洗澡。任何运动都要循序渐进，切不可因急于长高而超负荷运动。

婴儿被动操

给宝宝做被动操，可以提高孩子对环境的适应能力，促进宝宝动作的发展，为长高打好基础。随着宝宝月份的增长，可把被动操逐渐转换为主动操，让宝宝主动锻炼，效果更佳。

运动方式

1.扩胸运动：宝宝仰躺于床上，妈妈抓住宝宝两手，将宝宝两前臂在胸前交叉，再将两臂左右分开，每组做3次。

2.屈肘运动：妈妈一手抓住宝宝的右手，一手扶住宝宝右肘关节，向上弯曲右臂肘关节，再伸肘，反复2次；松开宝宝的右手，再以同样的方法运动宝宝的左肘关节。

3.肩关节运动：妈妈先握住宝宝的右手，由内向外做圆形的旋转肩关节动作，然后握住宝宝的左手，做与右手相同的动作。反复2次。

4.上肢运动：将宝宝的双手向外展平，然后前平举，掌心相对，距离与肩同宽，再将双手胸前交叉，接着将双手向上举过头，掌心向上，保持2秒钟，还原。每组做2次。

5.伸屈趾、踝关节：妈妈一手抓宝宝的左脚掌，一手分别屈伸左侧5个趾跖关节，反复4次；然后妈妈一手抓宝宝左小腿远端，一手抓脚掌屈伸左侧踝关节，反复4次。按照左侧方法运动右侧趾、踝关节。

6.下肢屈伸运动：双手握住宝宝的两条小腿，交替伸展膝关节，做踏车样运动。先将宝宝左腿屈缩到腹部再伸直，右腿同左腿动作，两腿交替进行。

7.举腿运动：两腿伸直平放，大人两手掌心向下，握住宝宝两膝关节，将两肢伸直上举90°后还原，重复两次。

8.翻身运动：宝宝仰卧，妈妈一手扶宝宝胸部，一手垫在宝宝背部，帮助宝宝从仰卧到俯卧再转为侧卧，反复5次。

温馨提示

在做操前，让宝宝排空小便；妈妈要洗净双手，摘掉手上的饰物，捂热双手。此运动需长期坚持进行。

幼儿日常锻炼法

幼儿的日常锻炼属于有节奏的全身运动，有助于幼儿活动四肢关节，给予骨关节一定量的刺激，促进骨骼生长发育，并改善全身的身体机能。

运动方法

1.齐步走：在附近公园或体育馆找一个宽阔的场地，妈妈和宝宝一起按着节拍齐步走。先教宝宝双手叉腰，左脚向前迈出一步，右脚跟上，提膝，右膝与左腿成45°（如果可以，右膝与左腿成90°最好），脚尖提起，身体尽量挺直，向前迈进，双脚交替进行。妈妈数节拍，引导宝宝跟着节拍走，每次走8个8拍。

2.伸展双臂：在客厅适当的位置悬挂小玩偶或其他小物件，让孩子伸手触碰它们。物件悬挂位置应以幼儿踮起脚尖尽全力能触碰的高度或长度为宜，可根据幼儿实际情况灵活调整。每次触碰后停顿3秒，按此法练习10~15次即可。

3.跳绳：宝宝以自然姿势站立，双脚并拢，双手握拳，拳心朝前。按照跳绳的要领，妈妈引导宝宝下蹲，尝试让宝宝学会用足尖和膝盖的弹力做原地跳跃。当宝宝掌握原地起跳后，假想手中拿着绳子，试着挥动双臂，配合跳跃的节奏，挥动前臂，做跳绳状。每次练习10分钟即可。

温馨提示

运动时要避开幼儿过饱、过饥、疲劳的时刻，而且应在大人陪同下进行。每周练习不少于3次，每次35~45分钟。

学龄前儿童简易体操

学龄前儿童的简易体操能调整小儿因时常弯腰引起的身体机能障碍，矫正脊柱的偏差和不合理弯曲，改善血液循环，促进脊柱发育。

运动方法

1.踮脚向上：双脚"八"字开立，双手尽力向上伸展，掌心朝上，保持平衡。用力吸气，同时双脚脚跟踮起，挺胸，放松后脖颈的力量，头向后仰。充分吸气，然后吐气，回到开始的姿势。重复20～30次。

2.伸展腋下：站在墙壁或柱子旁，离墙一手距离，双脚"八"字开立。左手于体侧伸直，撑墙（柱子）。吸气的同时，右手伸到头上往左倒。头和脖子往左侧倾斜，充分伸展右腋下。吐气，同时左右手用力朝身体侧下方摆荡，回到垂手站立的姿势，换另一边照前法进行，重复5～6次。

3.空中踩踏：双腿伸直，双臂摆在身体侧面，仰躺在地上，然后双腿并拢高举，双手抵住腰后方的骨盆处支撑起下半身。双脚以骑自行车的方式不断踩踏，开始慢慢地进行，再缓缓地加快速度，接着放慢速度结束动作。转换踩踏的方向，重复10～20次。

4.伸展脊背：浅坐在椅子上，双手握住椅子的两侧，全脚掌着地，双腿尽量往前伸直。用力吸气，站起，上身往后仰。充分挺胸，放松后脖颈，重点是头要尽量往后仰。充分吸气后吐气，坐回椅子上，上身往前倾，双手离开椅子，从大腿上方朝膝、脚踝的方向摩擦。

温馨提示

小儿练习时，最好有大人陪练，这样既可起示范作用，又能有效保障孩子的安全。孩子动作不到位时，不要勉强，应循序渐进。

学龄期儿童增高法

吊单杠和跳跃运动，能刺激成骨细胞的生成，有利于孩子的纵向发育，是既有效又安全的增高方式；而游泳可以舒展全身，促进全身血液循环，同时消耗热量，防止因肥胖而影响长高。

运动方法

1.单杠：小儿双手紧握单杠，使身体悬空下垂，下垂时以脚尖能轻轻接触地面为佳，然后做引体向上动作。引体向上时呼气，慢慢下降时吸气。男孩每天做10～15次，女孩每天可做2～5次。

2.跳跃：双脚跳跃用手摸树枝、篮球架、天花板等。每次向上跳跃5～7秒，10次为一组，每组间隔4～5分钟。要尽量使身体处于最大程度的伸展状态。另外可多参加篮球运动，抢球和扣球时一定要奋力跳跃，积极争夺每一个高点球。

3.游泳：在父母或教练的陪同下学习游泳。先在岸边学习蛙泳的手部动作：双手合并到胸前，自然前伸，手掌张开、掌心向下，手肘伸直，掌心由向下慢慢转为向外，手掌倾斜大约45°角，边转手掌边将全臂向外斜下方推开。当手臂张开大概45°角时候，手腕开始弯曲，掌心由外向内，手臂带动手肘加速向内划。最终手肘将收置于腋下，双臂贴紧身体，掌心也同时由外向上（朝向胸部），置于头部

前下方位置。重新开始下一轮动作，反复练习。待动作熟练后将孩子放在水中的塑料泡沫垫上，以适应水中环境。当前两项的基础打好后，就可以在水浅处练习游泳，但腰部应放置游泳圈。孩子学会后可每周游泳2次，每次10~15分钟即可。

温馨提示

此类增高方法要让宝宝自愿进行，否则小儿极易受伤。游泳前需注意水温，避免小儿在非游泳馆内下水游泳。此类运动一定要让孩子坚持下去，增高效果才会明显。

青少年普拉提斯增高法

普拉提斯增高法注重发展肌肉的弹性和关节的灵活性，使肌肉在增强力量的同时得到拉长，从而配合骨骼的生长。以下的几个特定运动方式可以锻炼和影响骨骼间隙的肌肉和韧带，增强对骨骼间隙的控制，在促进身高增长的同时，打造健美体形。

运动方法

1.三角式：深呼吸，跳步分开两腿，两脚距离与肩同宽。两臂侧平举与肩齐，手掌朝下，手臂与地面保持平行，右脚向右转90°，左脚稍转向右，左腿从内侧保持伸展，膝部绷直。向右侧弯曲身体躯干，右手掌接近右脚踝，向上伸展左臂，与肩成一直线；腿后部、后背以及臀部应该在一条直线上，两眼注视向上伸展的左手拇指，保持上身挺直。

2.树式：站立姿势准备。弯曲左腿，把左脚跟放在右大腿的根部，脚掌放于右大腿内侧，脚趾向下。以右腿保持平衡，平伸手臂，掌心朝下。伸直手臂举过头顶，掌心相对，保持5秒钟，深呼吸。然后放下手臂和左腿，回到站立姿势。左右脚交替进行。

3.平衡上下压：右侧卧位，右手肘撑地，头放在手上，左手置于身前作支撑，前臂抵住躯干；留意上肩和着地一肩、盆骨上侧和着地一侧应调整于一面上。想象头顶拉离身体，以延长后颈和脊椎骨，将双腿前置与躯干成45°；向后转出左腿，至膝盖朝天，脚跟朝地，吸气，往天花板方向抬高左腿，尽量伸展。左侧卧位运动方式同右侧卧位。

温馨提示

青少年要做到"专注、控制、重心、呼吸、流畅、准确、放松、持久"的基本要领，每日一次，每次锻炼持续45~60分钟。

附录2　经络助高

人的身高虽然受到种族和父母遗传因素的影响，但实践证明，后天因素也同样不容忽视。充足、均衡的营养供给是长高的基础，充足的睡眠是长高的前提，而科学的体格锻炼则是身高增长必不可少的催化剂。给孩子推拿兼具了增强激素分泌、加强锻炼、提高免疫力、促进排毒以及融洽感情等多个方面，可多管齐下地帮助孩子长高。小儿推拿简单易学、方便易行，能从促进生长激素分泌、营养吸收、强筋健骨等多个方面辅助孩子增高。

小儿推拿时，应选择避风、避强光、噪音小的地方；室内应整洁、空气清新、温度适宜。家长要保持双手清洁，摘去戒指、手镯等饰物。指甲要常修剪，如果是刚剪过的指甲，要用指甲锉锉平。冬季推拿时双手宜暖。小儿推拿手法的基本要求是：均匀、柔和、轻快、持久。一般情况下，小儿推拿一次总的时间为10～20分钟。小儿推拿手法的操作顺序：一般先头面，次上肢，再胸腹腰背，最后是下肢。在推拿过程中要注意小儿的体位姿势，原则上以使小儿舒适为宜，并能消除其恐惧感，同时还要便于操作。小儿过饥或过饱，均不利于小儿推拿疗效的发挥。在小儿哭闹时，要先安抚好小儿的情绪，再进行推拿。

睡觉甜甜，激素天添

充足的睡眠是长高的前提，生长激素一般在睡眠后45～90分钟开始分泌，平均在睡后70分钟达到分泌高峰。按摩以下穴位有助于缓解一天的疲劳，提高孩子的睡眠质量，促进生长激素的分泌。

选穴：百会穴、四神聪穴、安眠穴、足窍阴穴。

◎百会穴　　◎四神聪穴　　◎安眠穴　　◎足窍阴穴

定位：百会穴在头部，当前发际正中直上5寸，或两耳尖连线的中点处；四神聪穴在百会穴前后左右各1寸，共4个；足窍阴穴在足第4趾外侧，趾甲角旁0.1寸；安眠穴在脑后，位于翳风穴与风池穴连线的中点。

方法：宝宝取坐位或仰卧位，用右手拇指尖在百会穴点按，待局部产生麻感后立即改用拇指腹旋摩，如此反复交替进行约30秒，紧接着用掌心以百会穴为轴心，向四神聪穴均匀用力按压与旋摩约30秒；然后用大拇指指腹点按安眠穴1分钟，点按力度以局部有酸胀感为宜；最后用大拇指螺纹面揉足窍阴穴50次。每日临睡前30分钟按摩一次。

分析：身高增长需要脑垂体分泌生长激素，而生长激素在夜间睡眠时分泌水平最高，高质量的睡眠能促进生长激素的大量分泌。百会穴位居颠顶部，穴性属阳，又于阳中寓阴，故能通达阴阳脉络，连贯周身经穴，对于调节机体的阴阳平衡起着重要的作用，故能有助睡眠。百会穴为督脉经穴，督脉又归属于脑，脑为髓海，所以按摩百会穴还可强壮骨骼。四神聪穴和安眠穴均位于脑部，与百会配穴，旨在缓解头皮兴奋，促进小儿睡眠，提高睡眠质量。足窍阴属于阴穴，按摩此穴位能帮助阳气蛰伏、阴气外出，避免阳不入阴造成失眠。远近配穴能有效提高睡眠质量，促进生长激素分泌，让宝宝在睡眠中悄然长高。

吃嘛嘛香，节节高长

均衡的营养是长高的基石，父母应保证孩子每天蛋白质、脂肪、糖类以及各种维生素、矿物质的摄入。推拿以下穴位有助于提高小儿食欲，增强营养物质的消化与吸收，促进孩子生长发育。

选穴：胃经穴、脾经穴、板门穴、夹脊穴。

◎胃经穴　　　◎脾经穴　　　◎板门穴　　　◎夹脊穴

定位：胃经在小儿拇指掌面第二节或大鱼际外侧缘；脾经在小儿拇指螺纹面或拇指桡侧缘；板门位于宝宝手掌大鱼际部；夹脊位于小儿脊柱旁开0.5寸处。

方法：补胃经，一手握住小儿的手，另一手的大拇指指腹从小儿拇指指根沿大鱼际肌外侧缘旋推50次；补脾经，以拇指自小儿拇指指尖推向指根方向即沿拇指桡侧赤白肉际直推50次；揉板门，用拇指指端在小儿大鱼际中点揉手掌大鱼际平面50次；捏脊，用拇指、食指和中指沿着脊柱的两旁，用捏法把皮捏起来，边提捏，边向前推进，由尾骶部捏到枕项部，重复3～5遍。除捏脊外，其他手法可于每日饭后半小时进行，捏脊每日一次。

分析：身高增长需要合理摄入人体生长发育所需的各种营养元素，从而促进骨骼与肌肉的生长。但是小儿脏腑娇嫩，脾常不足，即使每日摄入的饮食营养均衡，但是不能被小儿机体消化吸收，也只能喟然长叹。补胃经、补脾经则是从补脾益胃出发，增强脾胃腐熟水谷的功能；捏脊、推板门则是消食化滞、运达上下之气，将水谷精微运达全身。此法可防治小儿腹泻、呕吐、疳积、厌食等造成营养不良的疾病，让宝宝在味觉的海洋里渐渐长高。

身体棒棒，骨骼长长

精壮的骨骼是长高的关键，生长板位于骨头两端，受到脑垂体分泌的生长激素刺激，会不断增生软骨，新生的软骨经钙化后形成硬骨，骨头因而变长、变宽。按摩以下穴位可强壮骨骼，促进成骨细胞的生长，为长高加砖添瓦。

选穴：涌泉穴、太溪穴、关元穴、命门穴。

◎涌泉穴　　　　◎太溪穴　　　　◎关元穴　　　　◎命门穴

定位：涌泉穴位于足前部凹陷处第2、3趾趾缝纹头端与足跟连线的前1/3处；太溪穴位于足内侧，内踝后方与脚跟骨筋腱之间的凹陷处；关元穴在下腹部，前正中线上，当脐中下3寸；命门穴在第二腰椎与第三腰椎棘突之间。

方法：用一只手握住小儿脚踝，用拇指指腹在涌泉穴处进行上下左右的摩擦推揉，直至宝宝足心发红温热为止；一手握住宝宝脚背，用另一手拇指点按太溪穴50次；将手掌放在宝宝关元穴上，然后快速、小幅度地上下颤动1分钟；用双掌摩擦命门穴，当感到该处穴位发热时，将双掌按在宝宝腰部两侧1分钟。

分析：中医里说，肾主骨，儿童的长高首先需要骨骼健康发育，而骨骼的健康发育取决于肾气是否旺盛。骨之所以能起到支撑人体的作用，依赖于骨髓的营养，骨髓由肾精所化生，所谓"肾充则髓实"。肾能接受五脏六腑所传之精，封而藏之，充实于骨，濡养于骨，对骨的生长发育和维持骨的成分及结构正常具有重要作用。涌泉穴是肾经的重要穴位，按摩涌泉穴能使肾精充足、腰膝强壮；太溪穴是肾经的原穴，是肾经中原气经过和留止的部位，具有补益肾气的功效；元气能固本培元、促进宝宝生长发育，元气藏于肾中，而关元穴是人体元气的"阀门"；命门穴是人体"命门之火"聚集的地方，为生命之本。此经络配穴法能补益肾气，促进骨骼发育，让宝宝茁壮成长。

附录3 专家连线

哪些孩子容易成"小矮人"

专家连线：孩子个子不高，是多方面因素导致的。以下情况符合越多，个子矮小的概率越高：

1.爸爸身高在166厘米以下，妈妈身高在156厘米以下。

2.宝宝出生时的体重在3千克以下。

3.妈妈在妊娠期间精神状态或身体状况不太好。

4.妈妈在妊娠期间滥用药物、过度饮酒、吸烟，或曾经感染过病毒。

5.孩子经常偏食或偏爱快餐，营养摄入不均衡。

6.环境恶劣或自身情绪的不稳定给孩子带来极大的压力。

7.孩子体弱多病，常出现食欲不振、消化不良、腹痛、腹泻、便秘等消化道疾病。

8.孩子睡眠不足或睡眠质量不好，无法进入深度睡眠。

妊娠期哪些因素决定孩子未来身高

专家连线：有些孕妇孕初的3个月，妊娠反应严重，什么都不愿吃。这种情况下，即使吃了就吐，也要尽量吃一点，虽然可以通过其他途径适当补充各种维生素、矿物质，但是最好的营养还是来自于日常饮食。全面、平衡、合理的饮食结构是保证胎儿正常发育的先决条件。孕前、孕期都应谨慎用药。情绪方面，要平衡工作和生活上的种种压力。在身材矮小的患儿中，还有一大部分是生长激素缺乏症所致，这常常与异常分娩有关，比如臀位产、足先露等。这些异位分娩方式容易导致垂体损伤，使孩子矮小的概率增高。这就需要孕妇定期做产前检查，及时发现胎位异常，在医生的指导下及早采取措施，或者选择剖腹产。父母要在孕前和孕期做好规划和努力，让宝宝赢在起跑线上。

孩子睡不好，妨碍长高怎么办

专家连线：若宝宝在凌晨哭闹，就要让其听到妈妈的声音或给予有节拍的轻柔的拍打。若是让宝宝看到妈妈过度紧张的反应或者担心的样子，反而会造成宝宝更加不安。由父母做起，保持心态平和十分重要。对因肚子饿醒来的宝宝，若即刻哺乳反而会令宝宝完全清醒，因此最好先观察片刻后再采取行动。如果是突然出现的睡觉习惯，需要为宝宝排除原因，如房间是否太热、是否被子缠住宝宝小脚等，问题解除，宝宝又会甜甜地睡着。此外，还应逐渐养成宝宝的进食习惯，最好不要在夜间喂奶，以免影响宝宝睡眠。

如何让孩子顺利度过饮食过渡期

专家连线：培养宝宝良好的饮食习惯对长高具有非常重要的意义，如果妈妈一直注意对宝宝的培养，那么9~12个月的宝宝就容易顺利完成饮食过渡期，具体方法如下：

1.白天有规律的给宝宝进食，夜间是宝宝睡觉时间，可以停止喂奶。

2.鼓励宝宝自己用手拿着饼干、馒头片、瓜果片等吃起来，以便锻炼宝宝手的灵活度，促进牙齿生长并训练咀嚼吞咽能力等。

3.鼓励宝宝自己用杯子喝水，用小碗喝汤。

4.鼓励宝宝坐在自己吃饭的位置上，自己拿着勺子吃饭。随着蛋、菜、水果、谷类等食物量的增加，中餐和晚餐应逐渐停止给宝宝喂奶。

生长激素是不是越多越好

专家连线：生长激素的主要生理功能是促进神经组织以外的所有其他组织生长，促进骨、软骨、肌肉和其他组织细胞的分裂增殖和蛋白质的合成，从而加速骨骼和肌肉的生长发育。但是研究表明，如果生长激素分泌过多，可引起全身各部过度生长，骨骼生长尤为显著，致使身材异常高大，即"巨人症"。成年后，骨骺已融合，长骨不再生长，此时如生长激素分泌过多，将刺激肢端骨、面骨、软组织等增生，表现为手、足、鼻、下颌、耳、舌以及肝、肾等内脏显示出不相称的增大，即"肢端肥大症"。由此可见，生长激素缺乏会导致身材矮小，生长激素过多也不利于正常的生长发育。

补钙是不是多多益善

专家连线：很多家长认为钙是健骨长高的原动力，给孩子补的钙越多越好。但是人体产生的甲状旁腺激素、降钙素、维生素D都可以调节血钙的平衡，肾脏和胃肠道也积极参与到钙的代谢中，所以过量补钙不仅是一种浪费，对宝宝也会产生不良影响。短期内口服过多的钙，多余的钙大多会通过粪便排出体外，从而增加了孩子胃肠道的负担。而长期过多补钙，不仅可能出现骨骺提前闭合，长骨的发育受到影响，终身身高受限，还可能出现钙在机体内代谢异常引起的疾病。

怎样的运动有益于孩子长高

专家连线：一般来说，能够增进食欲、促进睡眠、给予骨骼一定程度刺激的运动对长高都有益处，如慢跑、跳绳、跳舞、打篮球以及打排球等。但是如果仅仅只是为了长高，而逼迫孩子选择不喜欢的运动，往往会适得其反。因为情绪的安定对长高也很重要，所以应该让孩子选择自己喜欢的运动。此外，骨骼的发育在一定程度上来自纵向的压力，若压力过强，如进行举重等运动，反而会让骨骼在纵向上难以生长。